自然传奇丛书

声的传奇

詹志平◎编著

·上海科学普及出版社·

图书在版编目（CIP）数据

声的传奇 / 詹志平编著 . — 上海 : 上海科学普及出版社 , 2013.1（2024.3 重印）
（自然传奇丛书）
ISBN 978-7-5427-5662-6

Ⅰ . ①声… Ⅱ . ①詹… Ⅲ . ①声学－普及读物 Ⅳ . ① O42-49

中国版本图书馆 CIP 数据核字（2013）第 006504 号

责任编辑：胡　伟

自然传奇丛书
声的传奇
詹志平　编著
上海科学普及出版社出版发行
（上海中山北路 832 号　邮政编码 20070）
http: //www. pspsh. com

各地新华书店经销　天津旭丰源印刷有限公司印刷
开本 787 × 1092　1/16　印张 10　字数 181 400
2013 年 3 月第 1 版　2024 年 3 月第 2 次印刷

ISBN 978-7-5427-5662-6　定价：38.00 元

前言

说起声音，同学们并不陌生。我们还是婴儿时就开始喜欢妈妈的心音，从呱呱坠地的那一刻起，首先带给世间的便是扯起嗓门的那一声啼哭。随着我们长大，耳朵里更是每天都充斥着各式各样的声音：笑声、歌声、风声、雨声、雷声、鸣叫声、流水声。

每一天，我们都会感知到形形色色的声音，身处于它带给我们的那可听的世界里，我们可以感知到人与人之间的区别，感知到动物的可爱与凶猛，感知到大自然的美妙。温馨的家中，耳边有父母疼爱的话语，有宠物小狗向你撒娇时的哼唧声；当学习感觉到累时，还可以听一听轻音乐；明亮的教室里，回荡着老师浑厚的声音，和同学们朗朗的读书声。我们的身边，声音无处不在，哪怕是我们熟睡后，也会发出均匀的呼吸声。可见，在生活中，如果没有了声音，很难想象这个世界将会失去多少生机。

事实上，我们所说的声音就是一种声波，振动是声音的“源泉”。大自然中，声音无处不在，又各有不同，变化无穷。声音有噪声和乐音之分。比如，各种乐器发出美妙旋律，海面上有节奏的浪涛声，鸟儿的悦耳歌唱等是让人心情愉悦的乐音，而汽车喇叭、工厂机器轰鸣等就是让人产生不良情绪或心理反应的噪声。

本书会告诉读者：声音的传播途径和方式，嗓音是人的一张识别“名片”，声音也有“指纹”，声音可以称量，声纹可以鉴定，动物利用声纳的本领，鲸“集体自杀”竟与声音有关！此外，本书还为读者介绍天坛的三声传奇、回音长廊的秘密等方面知识。

通过阅读本书，可以了解“阳春白雪”、“下里巴人”、“高山流水”、“四面楚歌”、“余音绕梁”、“改弦更张”、“琴瑟和鸣”等与声音有关的历史典故，以及“孤掌难鸣”、“龙吟虎啸”、“如雷贯耳”等表现声音的成语。

让我们一同领略丰富多彩的声的世界吧！

目·录

传奇一

且留余音绕天台——起源探索

1 无处不在的声音

娓娓道来

说起声音，同学们并不陌生。从我们呱呱坠地的那一刻起，首先带给世间的便是扯起嗓门的那一声啼哭，而这哭声，则又让多少父母感到欣喜。随着我们的长大，耳朵里更是每天都充斥着各式各样的声音：笑声、歌声、风声、雨声、雷声、鸟儿的歌声、流水声、粉笔的沙沙声……

声音，大自然中少不了它；在生活中，我们更是离不开它。如果没有了声音，真的很难想象这个世界将会失去多少生机与亮点。

中国先秦时就有“凡响曰声”之说，可见，“声”引起的感觉便是“响”。每一天，我们都会感知到形形色色的声音，身处于它带给我们的那可听的世界里，我们可以感知到人与人之间的区别，感知到动物的可爱与凶猛，感知到大自然的美妙……

宠物狗

温馨的家中，耳边有父母疼爱的话语，有宠物小狗向你撒娇时的哼唧声；当你学习感觉到累时，还可以听一听轻音乐，以调节疲劳的大脑神经质……

明亮的教室里，回荡着老师浑厚的声音，

回荡着同学们朗朗的读书声，回荡着粉笔的沙沙声……

走在路上，耳边充斥着的是机动车的鸣笛声，路人的谈笑声，小贩的吆喝声……

春雨

大自然更是美妙绝伦，一年四季都变换着不同的声音：春有细雨的淅沥声，夏有轰隆隆的雷声和雨声，秋有落叶飘落的簌簌声，冬有北风无情的呼呼声。那淙淙的流水声，清脆的蝉鸣，动听的鸟叫，呱呱的蛙鸣……更为大自然谱上了尤为动人的一曲。

可见，在我们的身边，声音无处不在，哪怕是我们熟睡后，也会发出均匀的呼吸声。

蝉

视角延伸

蝉鸣是怎么回事

在炎炎夏日，尤其是在烦躁的午后，往往会听到蝉鸣一片。那么，关于它们是如何发出声音的，也许同学们不一定很清楚。

事实上，蝉是用膜振发声的。其发音器构造分为大小两室，其中大室内有褶膜与镜膜，小室位于体的内侧，内有鼓膜。一般来说，当它们体内的壁肌肉收缩，便会振动鼓膜发声，加之镜膜的协助和共鸣室的反响，声音就会分外响亮。

通常，会鸣的蝉是雄蝉，它们的发音器就在腹基部，就像蒙上了一层鼓膜的大鼓，当鼓膜受到振动便会发出声音。由于鸣肌每秒能伸缩约 1 万次，盖板和鼓膜之间又是空的，能起到共鸣的作用，所以其鸣声会特别响亮，并且能轮流利用各种不同的声调激昂高歌；而雌蝉的“乐器”则构造不完全，不能发声，所以它是“哑巴蝉”。

2 声音的“源泉”振动

娓娓道来

声音，虽然是无处不在，但它究竟是如何产生的呢？声音是因为物体的振动而产生的，它是物体在一个中心位置附近的往复运动。

振动或称振荡，描述振动有很多的物理量，如频率、振幅等。其中，频率是指物体单位时间内完全振动的次数，它的单位是赫兹，简称“赫”；振幅是振动物体离开中心位置的最大距离，它的单位是厘米；振动的进程称做波，且是纵波。一般来说，发生物体振动时，是以声波的形式传入我们耳朵的，而那些被我们听到的就是声音了。

当你在野外游玩时，恰逢一棵枯树倒地，此时周围的空气粒子便受到扰动，而这个扰动又引起邻近空气的振动。因为声音是通过介质来传播的扰动，因此当这种扰动通过空气粒子的振动到达耳朵时，你就听到了枯树倒地的声音。

蟋蟀

鼓是一种通过振动产生声音的乐器。敲鼓时，鼓的表面振动得非常快，以致你几乎看不到它的运

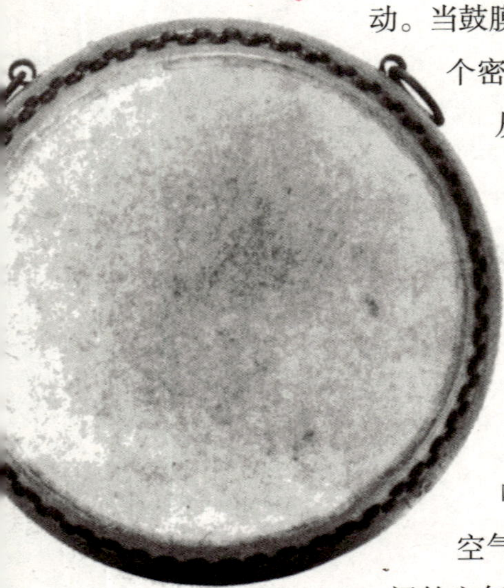
鼓

动。当鼓膜向右运动时，它将空气推挤到一起，从而产生一个密部；当鼓膜向左运动时，空气分子又变得稀疏，从而产生一个疏部。

当你拨弄一根吉他弦时，它的前后运动也会产生相应的密部和疏部。这些密部和疏部作为纵波通过空气传播，便类似与你看到的沿着一根弹簧传播的那些纵波。

你的声带就像吉他弦。在说话或唱歌时，你迫使空气从你的肺向上通过你的喉部。喉由叫做声带的两片折叠组织构成，这些受到挤压的空气冲过你的声带并使之产生振动。当声带合拢时中间的空气被压缩；当声带分开时中间的空气又变稀疏。就像振动的吉他弦一样，声带使空气产生了密部和疏部。当空气把这些纵波传到人的耳朵里时，人就听到了声音。

咽喉

视角延伸

蟋蟀叫声的名堂

蟋蟀的鸣声也是颇有名堂的，不同的音调、频率能表达不同的意思。夜晚，蟋蟀响亮的长节奏的鸣声，既是警告别的同性“这是我的领地，你别侵入”，同时又招乎异性“我在这儿，快来吧”。当有别的同性不识抬举贸然闯入时，那么它便威严而急促地鸣叫以示严正警告。若“最后通牒”失效，那么一场为了抢占领土和捍卫领土的凶杀恶战便开始了。

当雄虫“路遇”雌虫时，它的鸣叫声便变为：“唧唧吱、即唧吱”，交配时则发出带颤的“吱……”声。

当夜幕降临时，听，蟋蟀们又在开演唱会了！不过，蟋蟀那优美动听的歌声并不是出自它的好嗓子，而是它的翅膀。仔细观察，同学们便会发现蟋蟀在不停地震动双翅，难道它是在振翅欲飞吗？当然不是了，翅膀就是它的发声器官。蟋蟀右边的翅膀上，长有一个像锉样的短刺，左边的翅膀上，长有像刀一样的硬棘。左右两翅一张一合，相互摩擦，振动翅膀就可以发出悦耳的声响了。

3 声音的“接收器”——耳朵

娓娓道来

每天，在闹钟的呼唤中，我们睁开双眼；伴着鸟儿动听的歌声，我们欢快地走在上学的路上；在老师的谆谆教导中，我们贪婪地汲取着知识……无疑，无论是闹钟声，还是鸟叫声，或是老师讲课的声音，都要通过我们的耳朵传递给我们，才能让我们感觉到声音的美妙与神奇。但是，若问起耳朵是如何听到声音的，可能同学们就不一定知道了。

事实上，我们所说的声音就是一种声波。当物体发出声响时，声波便被耳廓收入到外耳道，传到鼓膜，经过耳腔里的听小骨与卵圆窗，到达内耳。而内耳的淋巴液中有一层薄膜叫做基底膜，膜上有感受声音的“毛细胞”。声波推动内耳的淋巴液运动，引起基底膜振动，刺激毛细胞产生与声波频率对应的电位变化，此时声波变成了电能。这种电能会刺激听神经末梢，神经末梢再将反应通过听神经传送到大脑中的听中枢。直到此时，我们才真正“听”到了声音。当然，这一切都是在极短的时间内完成的，而我们自己是根本觉察不到的。

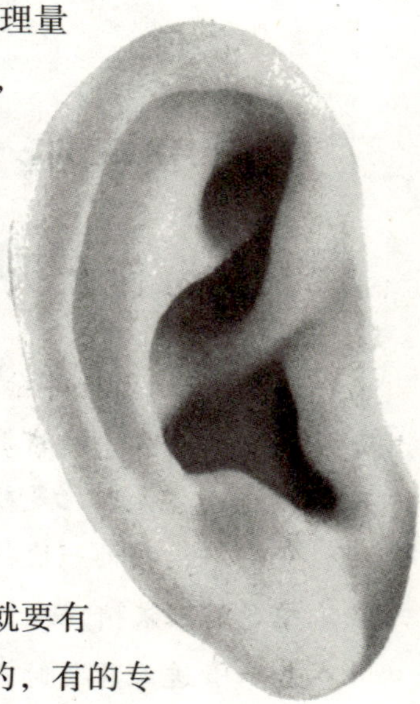

不过，声波推动内耳淋巴液的振动是需要很大物理量的。而这一切则又全都依赖于中耳的巧妙结构。原来，中耳腔里的外骨，外面与鼓膜相连，里面连接着卵圆窗。耳膜的面积约为 70 平方毫米，而卵圆窗的面积却仅为 3.2 平方毫米，它们之间相差了 22 倍。换句话说，也就是因外耳传入内耳的力量增加了 22 倍。而中耳从中便起到了一个放大器的作用，同时，中耳腔与鼻咽部有一个小管相连，叫做耳咽管，时开时闭，不断调节着压力，使中耳腔内的气压与外界保持平衡，以便保证鼓膜能够正常工作。

那么，我们又是如何区分各种不同的音调呢？这就要有赖于毛细胞了。一般来说，毛细胞自己是有相应分工的，有的专门感受低音，将它们凑到一起，我们便可以欣赏到那抑扬顿挫的美妙音乐了。

耳朵

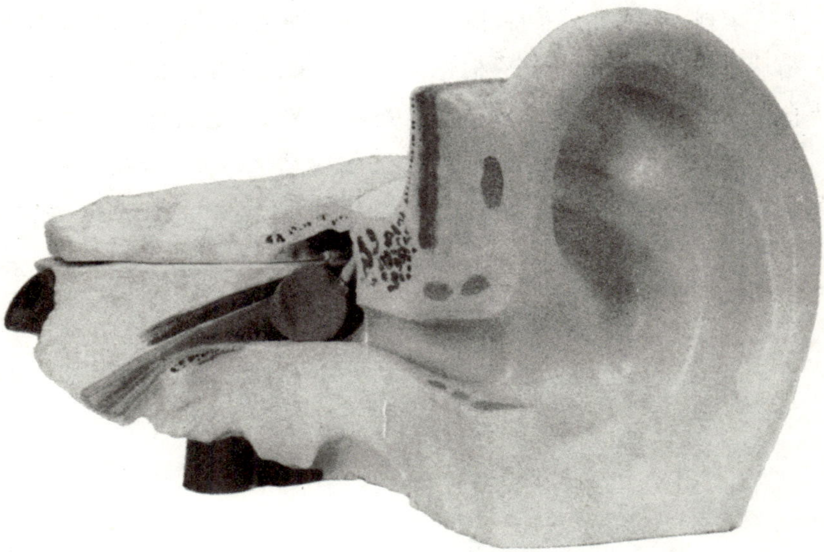

耳朵的构造

视角延伸

为什么太大的声音会把耳朵震聋

平时，当我们从耳朵窟窿向里看时，只能看到耳朵窟窿的底上，也就是鼓膜上，给我们的感觉便是已经到底了。事实上，在鼓膜后边还有一个地方，也就是鼓室。鼓室里悬着三块人身上最小的骨头，叫做“听小骨”，它们一块接着一块，“附着”在耳蜗上。耳蜗里藏着专管听声音的神经末梢。这三块小骨与鼓膜一样，有传送声音与扩大声音的作用。当声音进入耳朵时，先震动鼓膜，再由三块小骨传送到耳蜗，而我们也就听到了声音。

不过，在耳朵里还有间“暗室”，里面同样有三块小骨，听起来感觉这间暗室还挺大，实际上它还没有一个小手指尖大，那三块小骨加起来也不到 0.5 克重，长得可谓小巧至极。事实上，正是因为它们非常精致细巧，所以鼓膜稍动，它们也会震动起来，能保证把很轻很细的声音传送进去，让我们听见。所以，想象一下便知，这么细小的东西，如果碰上大的雷声，或是大炮的响声，或是炸弹的爆炸声，该如何承受得了呢？如果声音过大，将鼓膜或是那三块小骨震伤，我们就会耳背。更严重的是，太大的声音可以直接伤害耳蜗里的听神经末梢部分，使声音无法传送到大脑中去，便会产生严重的耳聋。

4 神奇的声音世界

娓娓道来

同学们，你们知道人的身体里有几个地方能发出声音吗？或许，你们会不假思索地回答："一个。"而这恰恰是大错特错！或许，在你们的概念中，我们所熟知的喉头声带是我们身体中唯一的发声器，无论讲话、大声笑、哭……声音都是从这里发出来的。事实上，我们身体里还有许多的地方，可以发出各式各样的声音。那么，现在就让我们一起到这个神奇的声音世界去尽情地游览一番吧！

我们已经知道，声音的来源是物体的振动。因此，只要是有比较明显的活动的器官，就有可能发出声音。

心脏是活动最明显的器官，在其中发生了很多种声音。同学们，如果你们将耳朵贴在他人的胸前听一听，就可以听到一些声音，而这些声音在医学上称为"心声"。

在检查身体时，我们经常会看到医生用听诊器在我们的胸前仔细地倾听，原来他们是在听"心声"呢！事实上，医生用听诊器听到的心声一共有两个，第一个心声就像乐队中大鼓的咚咚声，这个心声前后共历时 0.12 秒，它是由

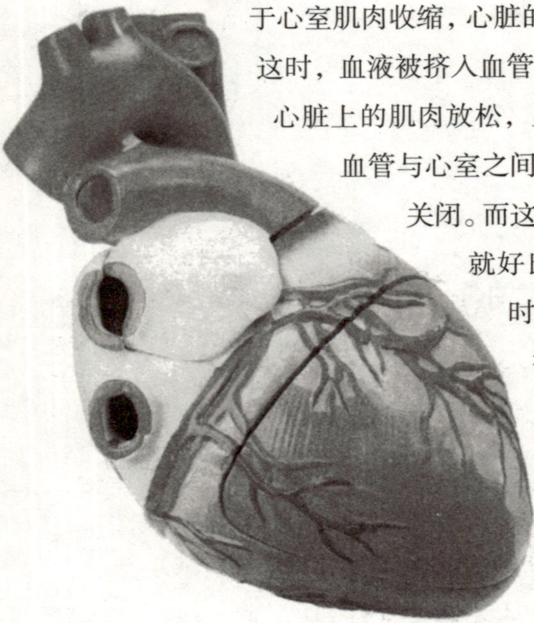

于心室肌肉收缩，心脏的瓣膜被血液冲击，发生振动热产生的。这时，血液被挤入血管，向全身流去，心室也变空了。紧接着，心脏上的肌肉放松，血液由心房冲入空洞洞的心室，同时，血管与心室之间的瓣膜为了防止血液倒流入心，也立刻关闭。而这些动作，则构成了声调较高的第二心声，就好比乐队中清脆的小鼓声，这个心声仅历时 0.08 秒。这两个心声就这么有节律地交替着。

如果一旦心脏生病，这种声音就会随之改变。如，常见的风湿性心脏病，由于左心房与左心室之间那道“门”——二尖瓣已经结疤，不能充分地开启，因此，当心脏放松时，血液只能通过狭窄的门由左心房进入左心室，由此第二个心声便变成犹如闷热的夏夜那种隆隆的雷声。

听诊器

肺部是我们用来呼吸的“工厂”。当我们呼吸时，空气经过气管、支气管进入肺部。此时，如果用听诊器听一听，便会听到像拉风箱一样的声音，呼呼作响，很有规律。一旦肺部生病，气管、肺泡里由于炎症的关系，会产生很多渗出物，这些渗出物吐出来就是痰。当空气通过这些痰液进出时，就像开水中冒出来的气泡那种声音；如果痰很稀少，声音就会细得像用手指去捻头发的声音，因此便有“捻发音”一说。

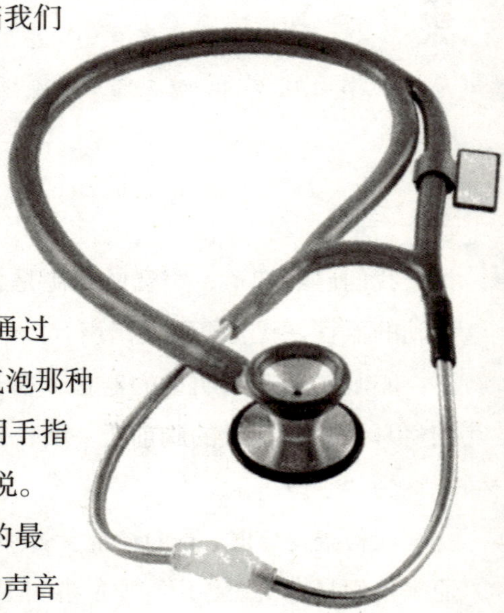

心脏

胃肠道是我们对食物进行消化吸收的最重要的器官，相信同学们对胃肠道发出的声音应该不会很陌生。如，当我们感到饿时，有时便会听到肚子里咕噜噜的叫声。这便是因为胃肠道里的气体通过消化液时发出的声音。

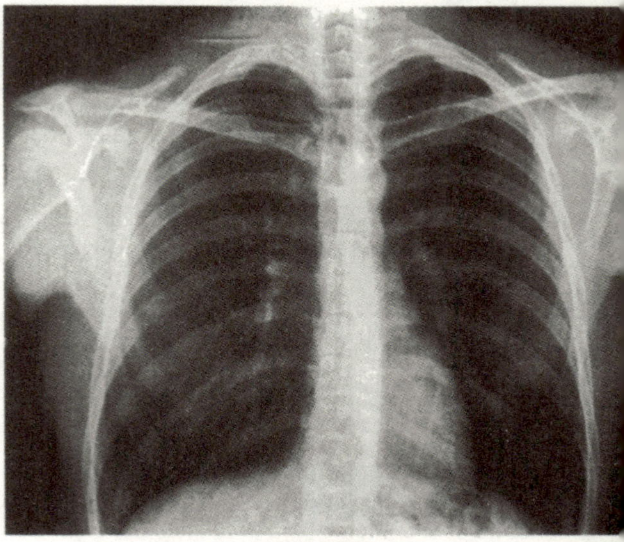

肺部透视图

事实上，在我们身体中，还有很多奇妙的声音。如，在人的脑袋内部、肚子里、胸部有时会听到一种“嘶嘶”声。那是因为有一种叫做“血管瘘”的病，由于动脉与静脉相通，血液由动脉不断漏入静脉，就产生了那种嘶嘶声。

身体之中的这些神秘的声音，描述起来似乎挺简单，但对医生来说，对诊断是否有病有着莫大的帮助。这也是我们平时看见的那些医生胸前总要挂着一个听诊器的原因。

视角延伸

胃肠道里的气体

为什么我们的胃肠道里会有气体呢？归结起来原因有二：一是食物经过细菌发酵后产生的；另外一个便是我们吃饭的时候吞进去的气体。

5 我国最早的乐器

娓娓道来

我国最早的乐器是什么呢？同学们还记得“滥竽充数”的典故吧，那个南郭处士抱着竽混在乐队中凑数。那么，竽是最早的乐器吗？在它之前还有更早的乐器吗？答案显然是肯定的。

事实上，我国迄今发现得最早的乐器，是距今 7000 年左右的在浙江余姚河姆渡遗址发现的骨哨。骨哨是原始社会的吹奏乐器，用禽兽的肢骨制成。源于先氏的狩猎生活与文化生活。这次出土的骨哨有 160 余把，均为禽兽动物的中段肢骨加工制成，长 4 ~ 12 厘米、中空，器身略显弧曲，在凸弧的一面，磨一两个圆孔，器身则与现代笛箫类乐器接近。

埙

埙是由我国古代的哨子发展起来的吹奏乐器。古时候，最常见的埙是陶制的。在浙江余姚河姆渡遗址曾出土过一个吹孔的陶埙，距今约7000年历史，是目前所知年代最早的实物。一般来说，埙均为陶制，多呈橄榄形、圆形、椭圆形、鱼形、平底卵形。有一音孔、二音孔、三音孔、五音孔多种。

笙是将多根竹管编排在匏斗中，在竹管下端装上篾片，并利用篾片与管中气柱的共振作用发音的乐器之一。我国最早的笙的实物是1978年湖北随县战国早期曾侯乙墓出土的5件土笙。事实上，早在《礼记·名堂经》中就有记载：“女娲氏之笙簧。”甲骨文中有“和”字，即是小笙。可见，其起源之久远。

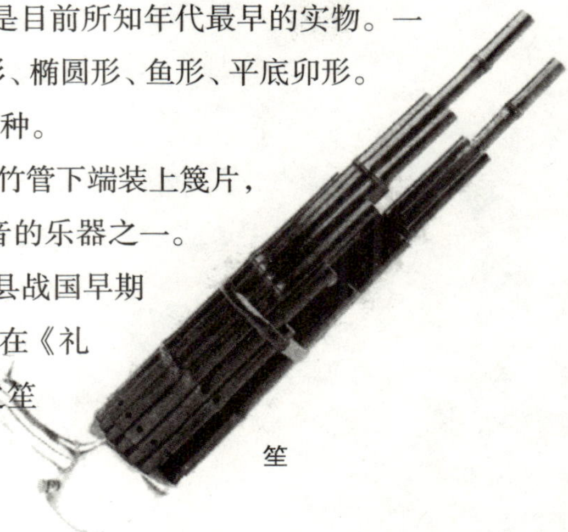

笙

箫也就是排箫，是我国古代的一种吹奏乐器。它的历史可谓悠久，《世本》中记载：“箫，舜所造，其形参差似凤翼，十管，长二尺。”汉、唐以来的石刻、壁画及随葬陶俑中常可见到吹奏排箫的形象。我国现存最早的排箫实物，是湖北随县曾侯乙墓出土的两件排箫。

磬，是一种打击乐器。《尚书·益稷》中记载：“击石拊石，百兽率舞。”其中的“石”便是磬。目前，我国发现的最早的打击乐器是山西省夏县东下冯遗址中出土的一具石磬。据考古学家鉴定，其约为夏代遗物，年代不晚于公元前15世纪。河南省安阳市武官村大墓出土的商代虎纹石磬，是我国古代现存最完整的古磬。

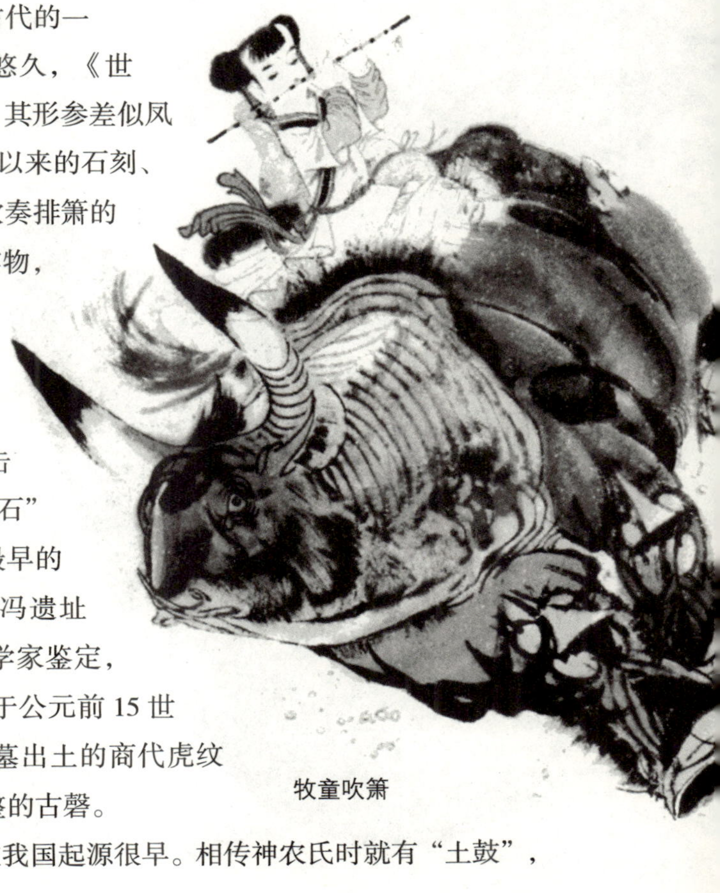

牧童吹箫

鼓，是一种打击乐器，在我国起源很早。相传神农氏时就有“土鼓”，

磬

黄帝在征伐蚩尤的涿鹿之战中，元女用鼓声“以像雷霆”，曾造夔牛皮鼓80面以壮军威。古代，人们历来将鼓作为娱乐的器具。所谓“钟鼓之声，怒而击之，则武；忧而击之，则悲；喜而击之，则乐。其意变，其声亦变。”喜怒哀乐，尽在其中。

琵琶，起源于西亚的美索不达米亚，于东汉末年传入我国。甘肃嘉峪关市魏晋墓所出土的彩画砖上绘有的弹琵琶的乐师画，是我国考古材料中看到的最早的琵琶图像。

胡琴，是我国传统的民族三弦乐器。我国最早的胡琴记载于宋朝沈括《梦溪笔谈》引自《凯歌》其三：“马尾胡琴随汉乐。”

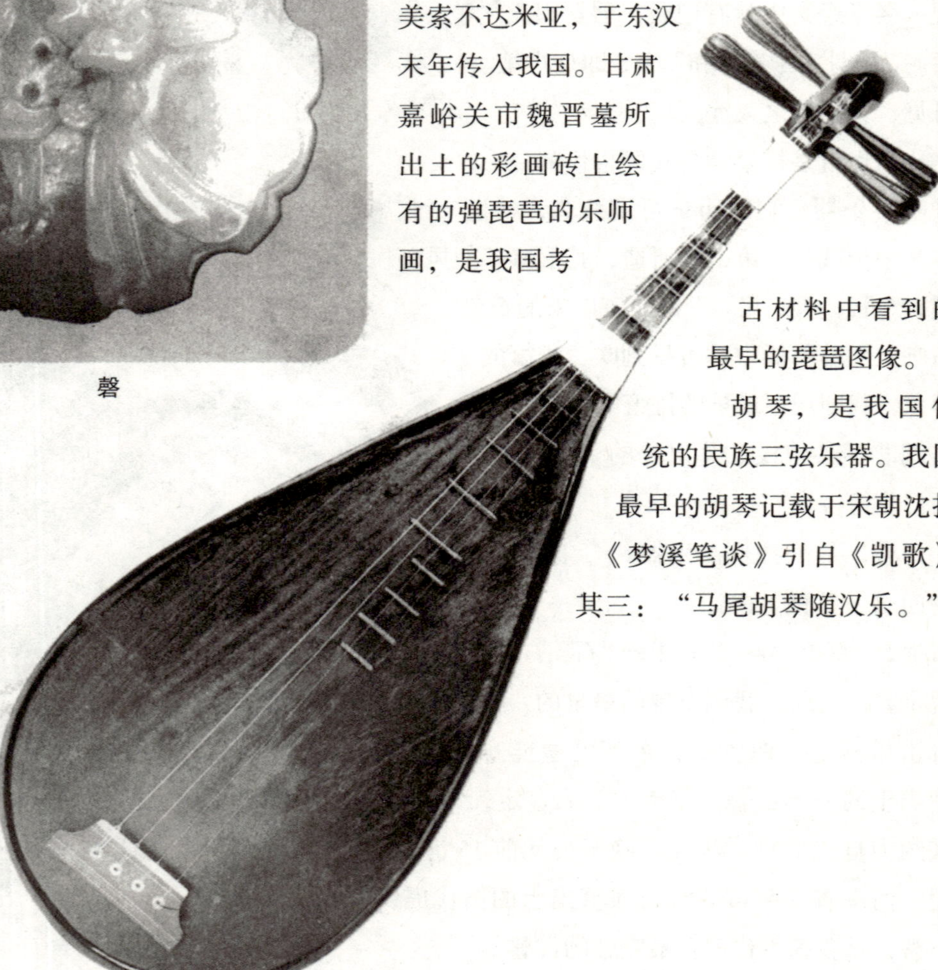

琵琶

视角延伸

西洋鼓

西洋鼓有大鼓、小鼓、定音鼓、康加鼓、邦哥鼓、爵士鼓等。其中小鼓（又称小军鼓、响弦鼓）是一种具有响弦横置在鼓面的打击乐器，常出现于军乐队、管弦乐团、管乐团等，以一线或者低音谱记谱；定音鼓是打击乐器的一种，它是管乐队或交响乐队中的基石；康加鼓是打击乐器的一种，它的直径一般为40厘米，高度约为1米；邦哥鼓是鼓的一种，多为两个一组，直径及高度均约为30厘米，常用于拉丁音乐；爵士鼓又名架子鼓，它集合了许多打击乐器为一体，只由一人演奏。

西洋鼓

6 最早的古代铜鼓

娓娓道来 铜鼓，在古代常用于战争中指挥军队进退，也常用于宴会、乐舞之中。它是我国古代悠久灿烂文化的结晶，也是我国少数民族先民智慧的象征，它具有东方艺术的特色，是世界文化艺术宝库的珍藏。

铜鼓，从字面上来看，它肯定是用铜铸造的，事实确实如此。若按铜鼓研究者的习惯，可将铜鼓全身分为5个部分，即面、胸、胺、足、耳。我国古代文献中对铜鼓的最早记录是《后汉书·马援传》，书中有这样一段描述："援好骑，善别名马，于交趾得骆越铜鼓，乃铸为马式，还上之。"交趾，是汉王朝的一个郡，是驼越人居住的地方，也是我国铜鼓的分布地区。

中国铜鼓

据后人考证，铜鼓是依据与它形态相似的铜釜加工转变而来的，创始期大概是春秋时代，或还要稍早些，也就是公元前7世纪至公元前8世纪，首创铜鼓的民族是古代的濮族。不过，关于铜鼓样子的描绘，直到唐朝及其以后出现的著作中，才将其隐隐约约地勾勒出来。

我们都知道艺术起源于生活，即便是那美妙的音乐也取决于生活之中。如，陶釜在平时主要是用来烧菜煮饭，但当人们酒足饭饱后，随手将其翻过来，用筷子、树枝等敲打，便会发出蛮动听的声音，人们便会伴着这声音跳跳舞，唱唱歌。当铜釜取代陶釜之后，人们发现它的音响效果要远远好于陶釜。因此，久而久之，这种铜釜便专门作为打击乐器，而不再应用于厨房之中，与煮饭的陶釜完全分开，便成为原始的铜鼓。后来，随着人们对音乐欣赏要求的提升，从音响效果出发，人们对打击铜鼓乐器的要求越来越严格，经过不断地探索与改进，终于发展到如今千姿百态的铜釜，而不再是最初的千篇一律。

苗寨铜鼓

视角延伸

铜鼓花纹究竟说明了什么

铜鼓，一种流行于广西、广东、云南、贵州、四川、湖南等少数民族地区的打击乐器。其鼓面多铸有太阳纹、翎眼纹、云纹、乳钉纹、栉纹、游旗纹等纹饰。而那些花纹表示的意义大体如下（以崇拜铜鼓的壮族为例）：

（1）反映对自然现象的崇拜

壮族人民对太阳极为崇拜，壮族民间传说中还有“太阳与月亮的传说”。新中国成立前有的壮乡还挂着“日月牌”，鼓面正中必画以太阳，反映了农业生产必需阳光。

（2）反映对雨水的渴望

铜鼓上的连续回旋形构造，方形的叫雷纹，圆形的叫云纹，这是壮族先民在农业耕种中对求雨的反映。

（3）作为图腾崇拜的反映

作为图腾崇拜的反映，鼓面饰有4~8蛙，有的大蛙负小蛙，有的大蛙中还有数只小蛙。这是古人对蛙的崇拜。因“蛙鸣即铜鼓（鼓）精”、“鼓声宏者为上”，龟蛙能知天时，故视之为神物。

（4）反映了壮族人民的历史传说

如竹节纹，在铜鼓面上刻有竹节纹是很自然的事。据悉，在古代僚人和近代仫佬族中，还保存竹王的传说和崇拜。

（5）反映壮族先民的生活与环境

如鼓面中的立体骑马纹。古代壮族人也有骑马的习惯，因此，作为铜鼓花纹用以反映壮族人民战斗的骁勇。

7 为什么说我是噪声

娓娓道来

在安静的午后，你特别想安静地休息一会儿。可是，这时隔壁却传来悠扬的歌声。若在平时，那歌声对于你来说，有如天籁，真的是一种享受；可是，现在你只想休息，那美妙的歌声霎时沦为干扰你的噪声，让你感到心烦意乱，因为你只想着能好好地休息一会儿。

噪声是一类引起人们烦躁，或音量过强而危害人体健康的声音。它是一种主观评价标准，因此，一切影响他人的声音均为噪声，当然也包括那些动听的音乐。判断一个声音是否属于噪声，仅仅从物理学角度判断是不够的，主观上的因素往往起着决定性的作用。如，美妙的音乐对正在欣赏音乐的同学来说是乐音，但对那些正在学习、休息或是集中精力思考问题的同学来说，则可能就成为一种噪声。事实上，即使是同一种声音，当人们处于不同的状态、不同的心情时，对声音也会产生不同的主观判断。此时，声音或为噪声或为乐音。

当噪声对人们以及周围的环境造成不良影响时，就相应地形成了噪声污染。它对人、动物、仪器仪表以及建筑物均构成了危害，其危害程度主要取决于噪声的频率、强度以及暴露时间。

那么，噪声主要都来源于哪里呢？若根据噪声的类别来看，主要来源于以下几个方面：

（1）交通噪声

地铁

交通噪声包括机动车辆、船舶、地铁、火车、飞机等发出的噪声。目前，由于机动车辆数目的增加，一度让交通噪声成为城市的主要噪声来源。

（2）工业噪声

工业噪声是指工厂中的各种设备产生的噪声。一般来说，它的声级较高，对工人及周围居民会带来较大的影响。

（3）建筑噪声

建筑噪声主要来源于建筑机械发出的噪声。它的特点是强度较大，且多发生在人口密集地区，因此严重影响着周边居民的休息与生活。

音响

（4）社会噪声

社会噪声主要包括人们的社会活动以及家用电器、音响设备发出的噪声。这些设备的噪声声级虽然不高，但由于和人们的日常生活联系密切，让人们在休息时得不到安静，着实惹人烦恼，极易引起人们的公愤。

那么，该如何减少噪声的危害呢？一般来说，为降低噪声对周围环境和人们生活的影响，主要的噪声控制方式是对噪声源、噪声的传播途径以及接收者之间进行隔离或防护，阻绝或吸收噪声的能量，以期将其影响降低到最低。如在噪声源（机动车的马达）加装防震的弹簧或橡胶来吸收震动；在传播途径方面的控制一般都是使用隔音墙阻绝噪声的传播；针对接收者的防护，一般都是采用隔音窗，或是耳塞等。

视角延伸

什么是白噪声

白噪声，或称白杂讯，是一种功率频谱密度为常数的随机信号或随机过程。换句话说，此信号在各个频段上的功率是一样的，由于白光是由各种频率（颜色）的单色光混合而成，因而此信号的这种具有平坦功率谱的性质被称做是“白色的”，此信号也因此被称做白噪声。相对的，其他不具有这一性质的噪声信号，被称为有色噪声。

传奇二

云破月来花弄影——特征属性

1 声音的度量

娓娓道来

同学们，当你们去体检时，会发现自己的身高、体重、视力、听力……通过相应的仪器与相应的方法都可以得到测量，得到相应的数据。那么，声音呢，它是否也有自己一定的测量方式呢？

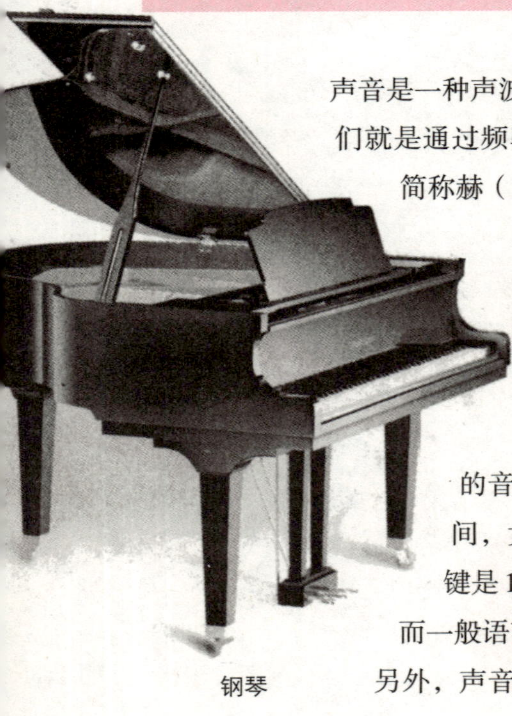

钢琴

声音是一种声波，声波在1秒内起伏的次数，称为频率，而我们就是通过频率来计量声音的。频率的单位是赫兹（Hz），简称赫（H）。

通常，频率在20～20000赫之间的，可以引起我们耳朵的声音感觉，叫做可闻声；频率超过20000赫的叫做超声波，低于20赫的叫做次声波。

不同频率的可闻声，可以使人耳感觉到不同的音调。一般来说，音乐的音调在40～5000赫之间，女高音只能发出1170赫的基音，钢琴的最高音键是1224赫，双簧管能发出的音调最高，达18000赫。而一般语言的频率是在300～5000赫之间。

另外，声音除了有频率高低之外，还有强弱的区别。如果声音太轻，我们根本就不能感觉到；声音太响，有可能会引起我们耳朵疼痛；声音过强，甚至都会“震耳欲聋”。而那描绘声音的物理量，就是声强。我们的耳朵是灵敏无比的感觉器官，从风吹树叶的沙沙声到隆隆的炮声都能够捕捉得到，要知道这两者之间的声强要相差 1012 倍。

声强的单位是分贝，一般来说，声强越大，对我们的影响也越大。当声强为 90 ~ 140 分贝时，就会影响我们的听力。如果我们在 100 ~ 120 分贝的环境里生活 1 分钟就会造成暂时性耳聋，而 140 分贝的噪声则会导致我们彻底耳聋。那时，我们的耳朵就与声音绝缘了，就再也听不见那些美丽而又动听的声音了。因此，科学家将 100 分贝的声强视为安全强度的最高界限。

视角延伸

听力损失的界定

若以纯音测听 500Hz、1000Hz、2000Hz 的气导平均听力计算，正常人的听力范围为 0 ~ 25 分贝。根据世界卫生组织耳聋分级标准可知，26 ~ 40 分贝为轻度聋；41 ~ 55 分贝为中度聋；56 ~ 70 分贝为中重度聋；71 ~ 90 分贝为重度聋。

2 声音的三大特性

我们在听音乐时，会发现有时声音很高，有时声音又很低；有时声音很强，有时声音又很弱；有时能感觉出来是这种乐器发出的声音，有时又能感觉出来是另外一种乐器发出的声音。为什么会有这种现象呢？这当然要取决于声音的三大特性。

娓娓道来

蝴蝶

声音的三大特性是音调、响度、音色。下面就让我们一起走进这声音特性的世界吧。

（1）音调

一般来说，音调是指声音频率的高低。它的高低主要取决于声音的频率，同时也与声音的强度有关。通常，对一定强度的纯音，音调随频率的升降而升降；对一定频率的纯音、低频纯音的音调随声强增加而下降，高频纯音的音调却随强度的增加而上升。

对于人们来说，人耳的听觉范围为 20 ~ 20000Hz，其中低于 20Hz 的为次声波，高于20000Hz的为超声波。因此，对于我们为什么听不到蝴蝶翅膀振动发出的声音，而能听见讨厌的蚊子声就有了很好的解释。那是因为，蝴蝶的翅膀每秒的振动不超过10次，明显不在人耳的听觉范围内；而蚊子的翅膀每秒会振动500～600次，显然在人耳的听觉范围内。因此，人们便听不到美丽的蝴蝶振翅声，反而能听见渺小的蚊子那令人生厌的"嘤嘤"声。

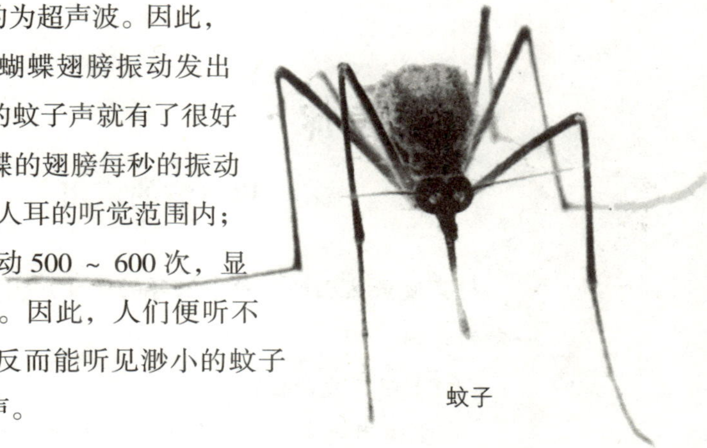
蚊子

（2）响度

响度是指声音的强弱，它是感觉到的声音强弱，也就是声音响亮的程度。通常，根据它可以把声音排成由轻到响的序列。

一般来说，声音的响度除了与振幅有关，还与距发声体的距离有关。通常，人们距离发声体越远，听到的声音越小，响度越小。那是因为声音在传播过程中，越到远处越分散。

（3）音色

音色是指不同的物体发出的声音所具有的不同特色，它通常由发声体的材料、结构决定。因此，我们可以通过音色的不同去分辨不同的发声体。

可以这么说，音色是声音的特色，根据不同的音色，即使在同一音高和同一声音强度的情况下，也能区分出是从不同的乐器或不同的人所发出的。那是因为，在同样的音量和音调的条件下，不同的音色就好比在同样的色度和亮度上，配上了不同色相的感觉一样，让我们毫不费力地将其分辨开来。

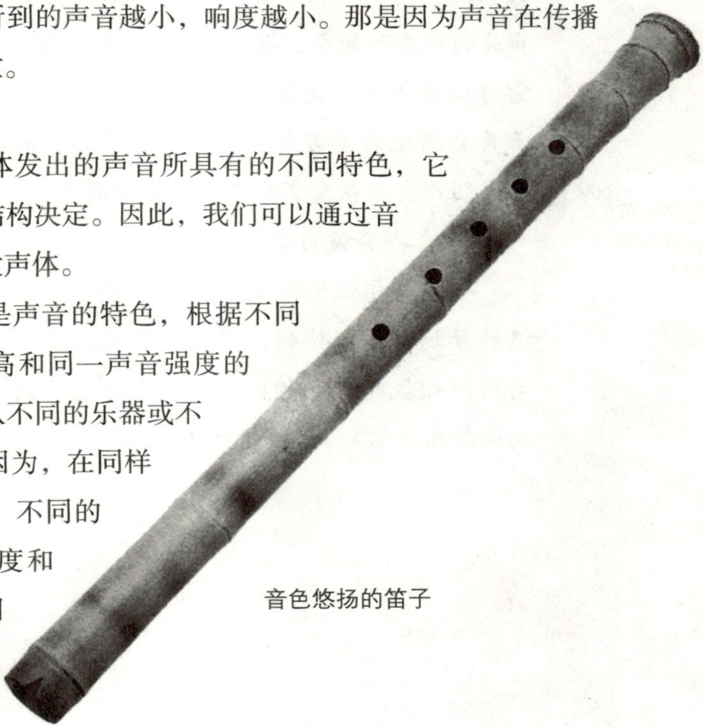
音色悠扬的笛子

视角延伸

超声波的应用

超声波虽然已经超出了人耳的听觉范围，但它却具有一定的作用：

（1）超声波的扫描

医生使用超声波可以得到称为超声波扫描的人体内部图像。这种图像可以帮助医生观察人体内部，诊断病情，以采取相应的医疗措施。用超声波仪器为孕妇检查身体时，医生拿一个小小的探头探测孕妇的腹部。这个探头发出频率很高的声波，超声仪接受并测量反射回来的声波。通过分析反射声波的密度和频率，仪器构建出一幅图像——超声波扫描图，它可以显示正在发育的婴儿的情况。超声波扫描图还可以显示将要降生的是否是多胞胎。除了静态的图像外，超声波还可以制作出正在发育的婴儿的动态图像。

（2）超声波自动聚焦

一些照相机使用超声波自动聚焦。通过取景器对准要拍摄的景物，按下按钮，照相机发出超声波，当声波从景物反射回照相机时，照相机就能测定声波传播的时间，计算出景物的距离，然后再调整相应的焦距。

3 声的传播

娓娓道来

声音是以波的形式进行传播的，当声波遇到物体时，便会使物体产生振动，而声音就是这样通过各种物质，从一个地方传到另一个地方的。

事实上，声音只有在某种能够传播密部与疏部的介质的前提下，才能够传播，而那些介质通常为固体、液体、气体。在我们的生活中，时时刻刻存在着声的传播。

当你敲门时，门里的粒子便发生振动，而这一振动产生了穿越这扇门的声波。当声波到达门的另一面时，它又在空气中形成了声波。火车的声音是通过铁轨传播的，因此你可以把耳朵贴在铁轨上判断是否有火车正在开来；如果你把耳朵贴在地面上，你也许能够听到远处车辆来往的情况。可见，来自远处的交通工具发出的声音是分别通过空气和地面两个途径同时传播的。

音乐

如果你看过乐队的现场演出，那么你就会发现，由不同的乐器和演唱者发出的所有声音都会同时到达你的耳朵。假如声音以不同的速度传播，那么一起演奏出来的声音就会在不同的时刻到达你的耳朵，这样的声音听起来就不那么悦耳了。

声音的传播速度取决于介质的弹性、密度和温度。

由于声音是能量的传递者，因此，它的速度取决于介质粒子在受到扰动后弹回的快慢。如果一种介质弹性很好，那么它的粒子很容易恢复原状。声音之所以在弹性好的介质里传播得快，原因就是当介质粒子被压缩后，很快就会恢复原状。

街头的乐队

一般来说，固体材料要比液体或气体的弹性好，因此声波的密部和疏部非常容易在固体中传播。固体粒子移动得不会太远，所以当声波的密部和疏部通过时，固体粒子前后振动得很快；大多数液体的弹性较差，所以声音在液体里的传播就没有在固体里传播得那样快；一般来说，气体的弹性很差，因而是声音的不良传输者。

在给定的介质中，声音在较低的温度下传播得较慢，在较高的温度下传播得较快。温度越低，介质粒子运动越缓慢，运动越慢，则返回原来位置的速度也越小。在 20℃时，声音在空气中的速度大约是每秒 340 米；在 0℃时，声音在空气中的速度大约是每秒 331 米。纬度越高，空气越冷，因此声音在高纬度地区传播较慢。

视角延伸

声音会发生衍射吗

相信同学们遇到过这种状况：有时候门外的一些声音，即便我们躲到了房间里，也能听见。这是为什么呢？是因为声波与港湾里的水波一样，同样会发生衍射。

事实上，当声波遇到带有小孔的障碍物时，有些声波能够通过这个小孔，而当它们通过小孔时，便发生了衍射。正是由于这种衍射，我们也能听见来自拐角的声音。

4 声音的反射与回声

娓娓道来

同学们应该都有过这种感受：当你在无人的操场上大声呼喊时，可以听见自己的回声；在没有家具的空屋子里说话时，会有回声；在空旷的山谷里大声呼喊时，也会有回声……这些都是因为声音的反射。

声音的传播与光的传播形式极其相似，它们都遵循波动学说。当声波从一种媒质传到另一种媒质的交界面时，有一部分声波在第二种媒质内形成新的波继续前进，其传播方向遵循折射定律，波速也有所改变。还有一部分声波，在界面上被第二种媒质反射，形成反射波，也就形成了回声。

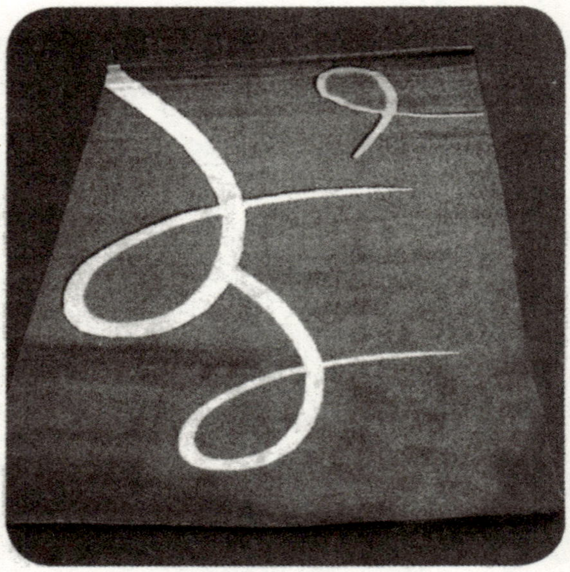

吸音的地毯

可见，回声是声波反射形成的。因为至少要有 0.05 ~ 0.1 秒的间隔，人耳才能辨别出回声和原声。所以，若障碍物与声源之间的距离小于 17 米，则回声与原声之间的时间间隔小于 0.1 秒，这时人耳将无法辨别出回声。若障碍物与声源之间的距离超过 17 米，则回声与原声之间的时间间隔大于 0.1 秒，这时人耳便可以清楚地听到回声。

反射波和原来的波在媒质中传播时不会相互影响，但能相互“干涉”，形成特殊的声学现象。在有些地方，回声和原声“重合”，声音得到加强；在有些地方，回声和原声相互抵消，声音就会减弱；有些地方因“步调”不一致，相互干涉使声音变得十分模糊。如，在一些建筑物里，由于声波的反射，再反射，将形成交混的“回响”。曾有一些音响结构糟糕的大厅，当演讲者讲一句话时，回荡在大厅中的时间长达 5 秒半，以致用正常速度讲一句话，听到演讲者的最后一个字音时，演讲者的第一个字音还回响在耳边，因而使这一语句模糊不清。

一般来说，回声要比原来的声音弱得多，这是因为声波在传播途中损失了一部分能量。回声的强弱也与声波所撞击的材料有关。有些材料反射声波的能力强，而有些材料则能吸收投射到它们上面的大部分声波。当声音碰到窗帘、地毯等吸音材料时，好比水被吸进海绵一样。这些材料是多孔而柔软的，当声波进入这些材料时，它们在无数的小孔里来回反射，很快地失去了原声波所具有的能量，这些能量便转化为热。

视角延伸

声纳的工作原理

声纳就是利用水中声波对水下目标进行探测、定位和通信的电子设备，是水声学中应用最广泛、最重要的一种装置。它的工作原理是声纳仪或者深度测试仪，向水中发出一束高频超声波。当声波碰到其他物体或海底时，就被反射回来。反射的声音被声纳仪检测到，通过测量声波从发射到返回所经历的时间，就可以计算出声波传播的距离，从而间接测得物体的位置。反射波的强度则可反映反射声波的物体的形状和大小。

5 声障是什么

娓娓道来

空气是有一定的阻力的，不过当我们在路上慢慢行走时，是根本感觉不出来的，而那些自行车运动员在比赛中，差不多就有一半的力气花在克服空气的阻力上。对于飞机来说，它们在空气的海洋中以高得不可比拟的速度飞翔，受空气阻力当然会更大。不过，当飞机速度提高到接近音速时，却又碰上了一件意外的障碍——音障，也就是我们下面所要介绍的声障。

声障，是一种物理现象。当物体的速度接近音速时，将会逐渐追上自己发出的声波。声波叠合累积的结果，会造成震波的产生，进而对飞行器的加速产生障碍，而这种因为音速造成提升速度的障碍就称为声障。

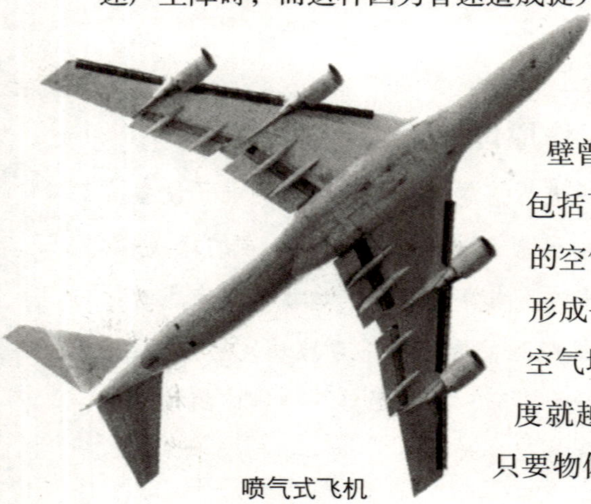

喷气式飞机

在一定条件下，空气能够形成坚固的“墙壁”。据航空史记载，空气墙壁曾经把坚硬的飞机撞得粉碎。一切物体，包括飞机在内，在空气中运动时都会给前面的空气一定的压力，结果使那部分气体压缩，形成一个密度很大的压缩气体层，好像一座空气墙壁。物体运动速度越大，空气墙的硬度就越大。空气墙总是以声速向前运动着，只要物体运动速度小于声速，就不会碰上它。

如果物体以超声速飞行，就要碰上空气墙壁了。如，一架高于声速的飞机在空中飞行时，它前方的空气来不及疏散，就堆积在飞机前面，形成了一道无形的屏障，使飞机感受的阻力一下子激增到7倍、8倍、14倍，不但阻力大增，而且使飞机发生了剧烈的抖动……一系列困难就由此产生了。

三角形的机翼

20世纪50年代，航空航天进入了超声速时代，人类再次遇上了声障问题，也由此展开与“声障”之间的“斗争”。于是，在工程师们的多方努力和精心安排下，终于顺利地克服这一困难。为了冲破空气墙设置的障碍，提高飞机的速度，科学家特此改进了飞机的外形，将机翼做成薄的菱形或三角形，同时将机身和机翼前缘做成尖形，并使机翼后掠，整个飞机变成箭头形。通过这一系列的改进，飞机终于顺利地穿过空气墙。

1947年，人类首次实现了超声速飞行。目前，除了已经具备的超声速飞机、超声速汽车，还有一些先进的喷气式飞机，它们的速度已经是声速的2倍甚至3倍。

视角延伸

飞机周围为什么会有白烟呢

飞机在空中飞行时，当速度超越声障时便会有“白烟”产生。那是因为当速度达到一定数值后，飞机在快速运行过程中会造成周围的空气被剧烈压缩，使得一部分空间中的气体压强大到使空气液化。而当空气被液化后的表现就是出现“白烟”的现象。

6 那些超音速飞行的旅客机

娓娓道来

音速也就是声音传播的速度，它的快慢与媒质的性质与状态有关。如，声音在空气中的传播速度为每秒 340 米左右。而所谓的“超音速飞行”，也就是速度超过声音速度的飞行。自 1947 年世界上第一次超音速飞行后，到 1975 年世界上第一代超音速旅客机的诞生，经历了长达 28 年的艰辛历程。此后，便彻底拉开了超音速旅客机出场的帷幕。

20 世纪 60 年代以后，世界上第二代喷气式旅客机陆续出现，如美国的波音 707–320B、波音 727、DC–8，英国的 VC–10、“三叉戟”和苏联的伊尔 –62 等。

这些飞机与 20 世纪 50 年代的第一代喷气式旅客机，如苏联的图 –104、美国的波音 707–120、法国的快帆等相比，其动力装置不是采用涡轮喷气发动机，这不但降低了耗油率，提高了经济性，而且噪声也有所下降。机翼采用了新的翼型，如美国的波音 707–320B 应用经过改进的“层流”翼型，能使飞机在高速飞行时，受到较小的空气阻力，对大型喷气式旅客机高亚音速巡航是很有利的。巡航速度从每小时 760 ~ 860 千米提高到每小时 800 ~ 960 千米；最大载油航程从 4300 ~ 6000 千米增加到 6000 ~ 11000 千米；载客量也有所增加。

1970 年 2 月，第三代喷气式旅客机问世——美国大型宽机身喷气式旅客机波音747飞行在航线上。紧接着，美国的DC-10、L-1011，英国、法国、联邦德国、荷兰和西班牙等国联合研制的“空中客车”A300B也投入航线，开始营运。它们是为了适应中短程航线运输量的迅速增长而研制的，主要用在2500～4500千米的中短航线上，也用于5000—12000千米的远程和洲际航线上。

空中客车

这种飞机采用了推力更大、耗油率更低、噪声更小的涡轮风扇发动机以及新的机翼翼型和增升装置。飞机的巡航速度较快，为每小时800～980千米。

那么，这种飞机的最大特点是什么呢？无疑，巨大的载客量与宽大的机身是它们的独特之处。它们的载客量大的可达540人，小的可载340～400人。加长型的波音747LB，用于国际航线时，甚至可载客716人。而第二代喷气式旅客机的载客量最大才150～220人。不过，载客量虽然在成倍增加，但是飞机总的尺寸却并未增加很多，只是机身宽度增加了74%。

那宽大的机身一般分为两层，上层为客舱，下层为货舱。客位每一排一般安置座位6个或8个，最多可有9个或10个，中间设有两条过道。客舱宽敞而又舒适，在飞行中还可以放映电影。

云端中的波音飞机

英法联合研制的“协和”号飞机，经过长达3000多小时的试飞与多次横跨大西洋的飞行，于1975年正式投入航线使用，而它正标志着世界上第一代超音速旅客机的诞生。1977年10月19日，“协和”号首

飞机客舱

次在美国纽约肯尼迪国际机场着陆，从此它便开始了纽约至西欧客运的定期航班业务。

“协和”号飞机的最大特点是飞行速度快，为音速的 2.2 倍。当它飞行在 16600 米的高度时，它的最大巡航速度为每小时 2333 千米，比现代亚音速喷气式旅客机要快 1 倍以上。

在新的世纪里，超音速飞机又将会给我们带来什么样的惊喜呢？

在远程与洲际航线上，将会出现超音速、奇怪的斜翼飞机和为音速 5 ~ 6 倍的高超音速飞机；能进行连续洲际飞行的高超音速液化氢燃料动力飞机和核动力飞机等。

视角延伸

飞机重大事故发生的频率

一般来说，飞机重大事故绝少发生，造成多人伤亡的事故率约为 1/300 万。航空是远程交通最安全的方式，而且它变得越来越安全。30 年前，重大事故的发生率为每飞行 2.25 亿千米发生一次。如今是 22.5 亿千米才发生一起重大事故，安全性提高了 10 倍。

7 人的名片——嗓音

娓娓道来

我们每个人的声音都是不一样的，都有自己独特的嗓音。有的同学可能会有一副好嗓子，唱歌会很好听；而有的同学嗓音则较沙哑，就不太适合唱较为抒情的歌曲。有的同学嗓音很细，有的同学嗓音则很浑厚……有时，当我们的某个朋友造访时，我们未见其人，单凭其声，就能判断来者是谁。可见，嗓音，真的可谓是我们的“名片”。

嗓音是我们最重要的特征之一。事实上，它与解剖学和生理学直接相关，取决于我们整个身体与发音器官的构造。而我们的声带就像喉腔里绷紧的弦，既能做整体振动，又能做局部振动。它的长短、薄厚与喉腔的结构有直接的关联。一般来说，人的喉腔越大，嗓音越低沉饱满，也越有魅力。

俄罗斯科学院心理研究所主任研究员、生物学博士弗拉基米尔·莫罗佐夫教授数十年都致力于人与动物嗓音的研究。他说：“嗓音是一种神奇的武器，尽管人人都或多或少能够辨别出谁在与我们通电话，他（她）是男是女，但嗓音令人难以分辨的情况仍时有发生。”

在日常生活中，我们能毫不费力地猜测到谁在与我们说话——男人还是女人，老人还是孩子。语音专家能从嗓音中准确无误地辨认未曾谋面的对话者的性别、个头和年龄。正如笔迹鉴定技术能够识别伪造得最高明的笔迹一样，我们也可以用某种方法辨别出对他人嗓音的逼真模仿。

可见，嗓音是人的名片。那么，什么样的嗓音能深受多数人喜爱呢？又是什么让我们有时在未见其人，先闻其声时，就迷上他的嗓音呢？事实上，为了引起好感，我们在发音时应该掺入一些泛音（泛音在声学和音乐中，指一个声音中除了基频外其他频率的音）。如，我们知道，一切优秀的歌唱家音色都十分独特：或嘹亮，或明亮，或银铃般，或金属音质。据科学证实，歌唱时的声音所包含的高昂泛音比平时讲话时发出的这种泛音要多得多，而专家则认为这个特点就好比是“夜莺婉转地啼叫”，或“小银铃悦耳的叮当声”。

一般来说，泛音不但能在高昂嘹亮的嗓音中听到，在一切嗓音中，甚至男低音的嗓音里也能听到。而泛音表现得越强烈，嗓音也就越洪亮，音色也就愈发纯美，自然也会更加吸引他人的喜爱。

著名男高音歌唱家帕瓦罗蒂的画像

视角延伸

身份证里的"音色"学问

据说，在意大利有这样一种习俗：在身份证的个人情况信息里会注明音色如何。而根据这个说明，人们很容易便能根据音色（高中低）分辨出他（她）的嗓音。

那么究竟何为音色呢?

音色是指声音的感觉特性，其高低由发声体振动的频率所决定。不同的发声体因材料、结构不同，音色也有所不同，人们便可以通过音色的不同去分辨不同的发声体。

音色也指乐器或嗓音的音质。在生活中常说某人的音色很美，某人的音色沙哑、独具个性等，不属于音色概念。这里所说的音色是人声（如男高音、女高音）或乐器特有的声音种类。比如，形容女高音嘹亮柔美，男高音挺拔高亢；女中音浑厚而温暖，男中音则庄重厚实，给人一种坚定感。形容乐器音色，小提琴纤柔灵巧，等等。

8 声音也是有“指纹”的

娓娓道来

日本曾发生过这样一桩案件：有人冒充前首相田中角荣，用电话进行诈骗，那人模仿得真是惟妙惟肖，当时确实是欺骗了不少人。后来，日本警视厅使用一种特殊的装置，终于揭开了“首相之谜”，破获了此案。更让人感到惊奇的是，那人原来还是个女人。而那种特殊的装置，便是声纹鉴别器，它使用的是一种新技术——声纹鉴别术。

当我们在看一些关于刑侦方面的电视剧时，经常能看见这样的场面：犯罪分子绑架人质后，打电话向其亲属敲诈钱财；某些犯罪分子利用电话进行威胁与恐吓……现实生活中，这样的事情也屡见不鲜。那些犯罪分子留下的唯一痕迹便是电话录音，那么能否以此为突破口侦破这类案件呢？人类真的是伟大的，经过多方面的试验研究，终于发现鉴别“声纹”是侦破此类案件的有效手段，声纹鉴别术就这样应运而生了。

指纹

那么，究竟什么才是声纹呢？

事实上，声纹就是声音的图像。用一种特制的辨音仪，将人们说话的声音录下来，变为图表（音谱），投影到屏幕上，并拍摄下来，就如同我们的指纹一样，作为鉴别每一个人的一种标志。

从某种意义上说，声纹也是人体的一张“身份证”。由于每个人的声音器官，诸如咽腔、鼻腔、口腔、唇、齿、上腭等，在发音时呈现千姿百态，哪怕是再微小的差异，以及年龄、性格、语言习惯等多种原因，再加上发音容量的大小不一，发音频率的不尽相同，因而导致这些器官发出的声音，必然有着各自的特点。

不过，对于声纹的鉴别，自然要借助于辨音仪器。它的应用原理为：将声音的一些基本要素，通过电脑的分析，用线谱的形式投射到屏幕上，或直接记录于一张感光纸上，这样便得到了一份声纹资料。当将每个人讲话的声音输入到语言分析器以后，就可以得出不同频率范围内声音强度的分布曲线。

据科学家研究，不管是谁，当他（她）从十几岁变声期之后直到老年，这些曲线都将保持不变。更为重要的是，由于人与人之间发音器官的差异，发生习惯的不同，所以这些曲线是因人而异的。即便是两个身高、体重都相同，并在同一环境中长大的双胞胎，他们的嗓音可能连父母也难以区别，但声纹仪器却能有效地加以甄别。显然，这些曲线无疑可以作为代表某个人特定声音的“指纹”，也就是所谓的“声纹”。

视角延伸

“声纹”与马加爵案

在“马加爵”案件的侦破中，声纹鉴定起到了很大的作用。据报道：2000 年 2 月 23 日，云南大学发生了一起震惊全国的剥夺 4 人性命的故意杀人案。尽管涉嫌杀人的马加爵供认了自己的杀人行为，但昆明市人民检察院的办案人员为使证据更加充分、准确，决定委托深圳市人民检察院技术处对马家爵杀人案的有关录音进行声纹鉴定，并因此作为起诉马家爵杀人的一个证据。

9 声纹的鉴别

娓娓道来

声纹，就如同我们的指纹一样，每个人的声音都有各自的特色。那么，声纹又是怎么识别的呢？是不是如同指纹鉴定那样，有专门的操作仪器与操作方法呢？

人与人之间的声音是千差万别的。美国科学家曾对一些来自不同种族的双胞胎进行试验：这些人按照要求，对着一种特制的仪器说话，仪器就将每个人的“声纹”在感光胶片上用光谱一般的线条显示出来。当同一个人用不同的音调说同一句话时，仪器记录下来的声纹却一直相同；而不同的人虽然用同样的音调说同样的话，“声纹”却因人而异，各有各的特点。因此，科学家们就将这种“声纹”称为“生理签名”，并已经将它们应用到生活之中。目前，美国警察已经开始用它来查实作案人及其他人的身份。

事实上，辨声之举，自古有之。不过，那仅仅是凭借听觉器官的分辨能力。而科学的声纹研究是以完善的录音设备为基础的，而且最先是为战争服务的。第二次世界大战后期，美国曾经有人试图截获敌军电台通话，利用对声音频谱的分析来推断敌军的调动情况。声纹这个概念就是在那个时候提出来的。但大战一结束，这项研究也就暂时搁浅，逐渐被人们遗忘了。直到 1962 年，由于电子技术，尤其是计算机技术的发展，才再次将“声纹研究”列为重点研究。美国的司法机关委托一所州立大学重新开展声纹的研究工作，以用于罪犯鉴别。

据悉，在研究过程中，他们把40个人的声音作为研究资料，进行了35000次声纹鉴别试验，并取得了突破，错误的识别率只有6%。因此，声纹开始成为美国司法部门的一项新的犯罪对策技术，并允许组委法庭证据使用。1963年，日本警察机关开始着手声纹鉴别技术的研究，并建立了对日语声纹的一套鉴别方法，基本上已经接近实用阶段。20世纪70年代，德国刑警调查局就已经将罪犯的声纹资料输入电子计算机贮存。

目前，对声纹的鉴别还是要依靠熟练的技术人员的经验，在判断过程中需要较长的时间，并且还有一定的误差。因此，一些发达国家的谍报、警察机关着力于运用电子计算机技术，以求达到声纹鉴别的自动化。尽管还有很多难点，但是我们坚信，这项技术进入实用阶段将会为期不远。

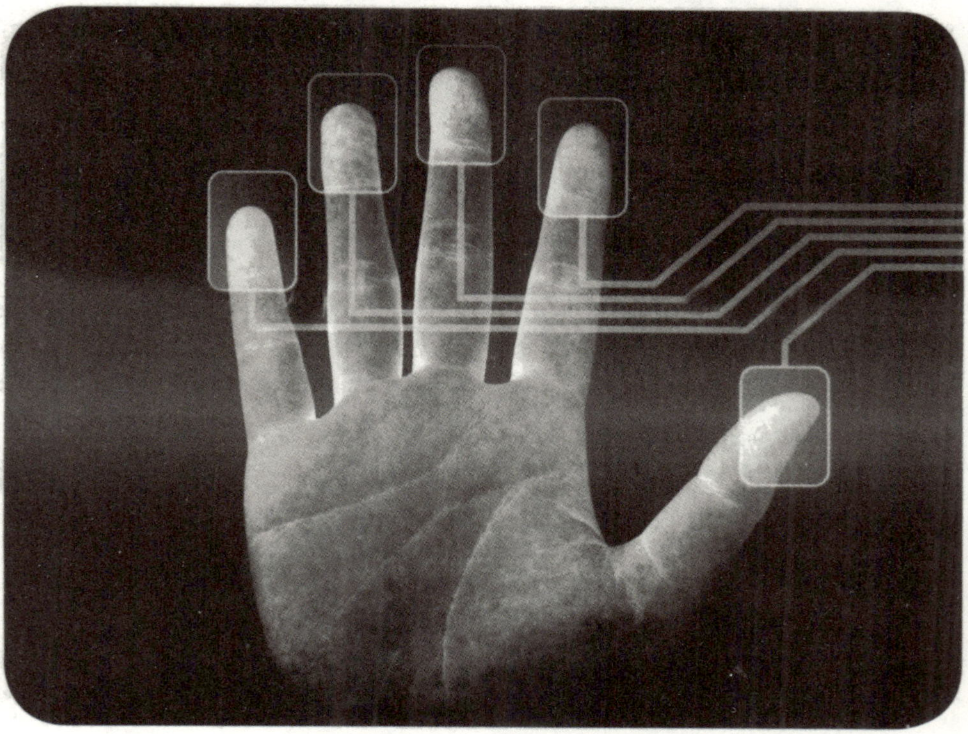

指纹识别系统

视角延伸

声纹鉴别的用途是什么

一般来说，声纹鉴别具有如下作用：

（1）诈骗案

冒名或模仿他人（声音）骗取钱财。

（2）敲诈勒索案

以暴力相威胁勒索钱财。

（3）绑架案

绑架成人、偷拐婴幼儿做人质勒索钱财。

（4）诬告陷害案

捏造事实意图使他人受刑事追究。

（5）威胁诽谤案

捏造事实的威胁恐吓、诽谤谩骂。

（6）贪污、行贿、受贿案件。

（7）经济交往中的钱物、财产纠纷案。

（8）秘密联络、组织非法犯罪活动。

（9）谎报火警、匪警、病情，乱要消防车、救护车等。

10 轮胎的“歌声”

娓娓道来 当我们走在马路上时，往往会非常讨厌汽车行驶时发出的噪声。因为有时它是那么的刺耳，让我们感到浑身不舒服，尤其是在刹车时，那声音更是让人难以接受。

一般来说，汽车行驶时发出的噪声，是由于内燃机的转动、废气的排出、车体与气流的摩擦等因素造成的。人们认为汽车轮胎不会发出噪声，事实上，轮胎发出的噪声，在遥远的地方也能听到，它非常刺耳。这种讨厌的噪声，来源于轮胎上的沟纹。

内燃机

那么，轮胎上的沟纹为什么会发出噪声呢？原来，当轮胎受压时，接触地面的横向沟纹会在重压下收缩，而沟纹中的空气又急速向外喷出，就如吹笛管一样，便发出了尖锐刺耳的声音。轮胎的纵纹则不然，当它受到重压时，接触地面部分的受压空气，能顺着纵向的

轮胎

沟纹逸出，便不会发出如“吹笛”般的声音了。

如果将轮胎表面做得光滑无比，而无沟纹，或者只有纵向沟纹，是不是就可以消除噪声呢？诚然，这样可以防止噪声的产生。但是考虑到车辆在泥泞道路上行驶时的安全性与驱动性，还必须保持胎面与路面有一定的摩擦。因此，那些能增加摩擦的横向沟纹是必不可少的。而当那些同一形状的横向沟纹等距离排列起来时，随着轮胎的转动，便会连续不断地发出噪声。

轮胎的沟纹

视角延伸

最早的轮胎

最早的轮胎是由木头制造的，这从我国古代的战车上和国外的绅士马车上就能看出来。当探险家哥伦布在 1493 ~ 1496 年第二次探索新大陆到达西印度群岛中的海地岛时，发现了当地小孩所玩的橡胶硬块，这使他大吃一惊。后来他把这个奇妙的东西带回了祖国，若干年以后，橡胶得到了广泛的应用，车轮也逐渐由木制变成了硬橡胶制造。但这时的橡胶轮胎还是实心的，走起来还很不舒服，而且噪声也很大。直到 1845 年，出生于苏格兰的土木技师 R・W・汤姆生发明了充气轮胎，并以《马车和其他车辆的车轮改良》为题，获得了英国政府的专利，同年 12 月 10 日第一条充气轮胎诞生。

后来，随着科学技术的发展，人们生活水平的提高，轮胎才逐渐演变成现在的新模样。

11 奇妙的动物语言

娓娓道来

许多动物都会发出各种各样的声音，而这些声音逐渐演变成为它们之间交流的信号——动物语言，如鸡鸣狗吠，虎啸猿啼，莺歌燕语，蝉噪虫喧。

会鸣唱的小鸟

公鸡

在广袤的大自然中，用声音来交流信息的动物是很多的。许多鸟儿都有着清甜多变的歌喉，它们是出色的歌唱家。据说，全世界的鸟类语言就有两三千种。或许，在我们看来，动物的语言有时难免有些单调。如狗吠只是“汪、汪、汪”，公鸡啼叫也只是“喔、喔、喔”……

事实上，这些语言是有不同意义的，代表着不同的信息。同一种动物，都可以发出不同的声音，有求偶的语言，也有觅食的声调。如长尾鼠，当它发现地面上的强敌——狐狸和狼等时，会发出急促的叫声；如果威胁来自空中，它的声音便会单调而冗长；一旦空中“飞贼”已降临地面，它就每隔 8 秒报一次警。母鸡报警的声音有 8 种之多，当它的同伴们听了便知来犯者是谁，它们来自何方，离这儿有多远等。

野猪

除了发声的语言外，动物也有无声的语言。如运动语言、色彩语言、超声语言和气味语言等。通常，不同的动物往往会采用一种或同时采用几种语言形式。

（1）运动语言

运动语言，从字面上我们便可以想象到，它是动物运用各种不同的行为作为它们之间联系信号的。如野猪在平时总是将尾巴转来转去，但一旦觉察到有危险时，便会扬起尾巴，在尾尖上打个小卷给同伴报警；蜜蜂在寻找蜜源时，根据蜜源的方向和距离的远近，会时而跳“圆舞”，时而跳“8”字舞，时而又跳“摇摆舞”，用不同的舞姿来指挥同伴们去采花蜜。

（2）色彩语言

色彩语言，是动物利用自身的色彩来传达信息的。孔雀是以华艳夺目的

蜜蜂

孔雀开屏

羽毛著称于世的。那些雄孔雀在求偶时，因为自己没有清甜动听的歌喉，就只好凭借着一身艳丽的羽毛，潇洒地开屏，以博得异性的喜爱。

据悉，善于运用色彩语言的动物不单单是鸟类，爬行类、鱼类、两栖类，甚至连蜻蜓、蝴蝶与墨鱼，都在充分利用色彩语言。

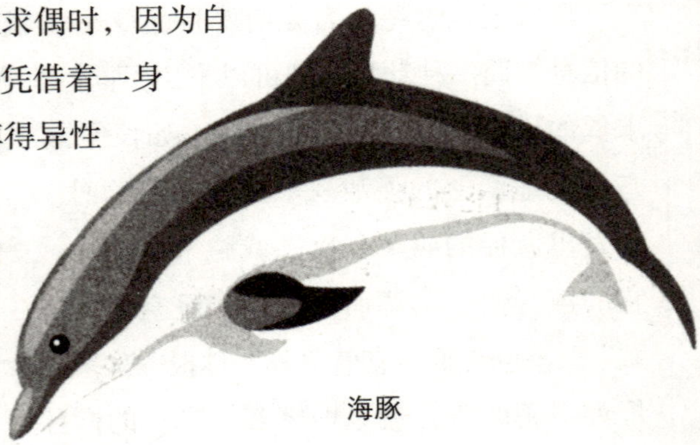
海豚

（3）超声语言

超声语言，是动物利用超声波来进行彼此之间的联系。海豚通过超声波与同伴会话，讨论问题；在漆黑的夜晚，蝙蝠发出超声波来捕捉蚊虫。

（4）气味语言

气味语言，是动物利用气味来作为传递的信号。如蜂王通过分泌一种唾液产生的气味，招引工蜂来为自己服务；有一种雌性害虫在受到敌人伤害时，身上会释放出一种淡薄的气味，来掩护同伴赶快逃走；雌蛾产生的气味能引诱距离很远的雄蛾等。据悉，昆虫利用气味来传达信号的“语言”有100多种。

可见，动物语言如此丰富多彩，而且也越来越引起人们的重视。目前，有不少科学家正在研究它们，以期产生一门生物声学。如有些动物学家专门研究鸟类的语言，而且还编了一本《鸟类语言辞典》。

蜜蜂

视角延伸

兔子的语言是什么

小兔子是很可爱的，它们也有着自己的语言。对那些喜欢小兔子的人来说，更应该了解一下它的那些“语言”所代表的含义。

咕咕叫

咕咕叫通常是表达对主人的行为或同类的不满情绪，表示兔子正在生气。比如兔子不喜欢别人碰它时，就会咕咕叫。如果我们不明白它的意思而“一意孤行”，那么被它咬的可能性是很高的。

喷气声

喷气声表示一些东西或某种行动威胁到兔子了。如果你的行动让兔子发出喷气声，若再不停止动作，也可能会被它咬。

尖叫声

兔子尖叫的原因和人一样，通常是因为害怕或者疼痛。如果突然听到兔子发出尖叫声，我们应该引起注意了，因为兔子可能受伤了。

磨牙声

磨牙声分为两种，大声磨牙表示兔子感到疼痛；轻轻磨牙表示兔子处于满足兴奋中。当兔子轻轻磨牙时，如果我们伸手摸兔子的下巴，还可以感到它的臼齿在摩擦，此时它的眼睛通常是半开半合。

咬牙声

格格的咬牙声也是兔子表示痛楚的一种表现。这时兔子一般会弯身而坐，耳朵向后贴紧身体。

呜呜叫

和猫一样，满足时兔子也会发出呜呜的叫声。不同之处在于猫是用喉咙发声，而兔子是用牙齿发声。

12 美妙的水下歌声

娓娓道来

古希腊诗人荷马曾在《奥德赛》中有这样的描写：海洋里有会唱歌的妖妇，她们美妙的歌声会使航行在大海上的船员们神魂颠倒，致使船儿无人驾驶而触礁。事实上，大海里根本不会存在什么妖妇，诗人笔下的歌声，不过是水下鱼儿的“歌声”。

鱼儿会发出声音吗？答案是肯定的。它们的发声虽然不及鸟儿的声音那么悠扬婉转，也不似兽类的声音那般清亮高亢，但有它们的独到之处。

石首鱼类，曾以善叫而闻名于世。我国古代伟大的药物学家李时珍对它们有过这样的一段描述：“石首鱼，每岁四月，来自海洋，绵亘数里，其鸣如雷……”只不过它们发出的并不是婉转的歌声，而是有些惊人的隆隆之声。

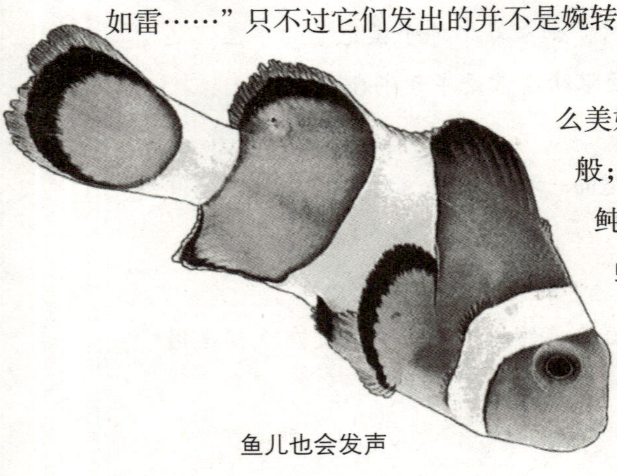

鱼儿也会发声

事实上，其他鱼类的声音也并非那么美妙动听，如鳞鲀的发声好似升堂大鼓般；而小海马的声音则似小鼓咚咚；河鲀的发声好比野狗吠咬；红娘鱼则似蛙鸣。

那么，鱼的声音是从哪里发出来的呢？是它们的鱼鳍吗？还是它们也有着喉头声带？

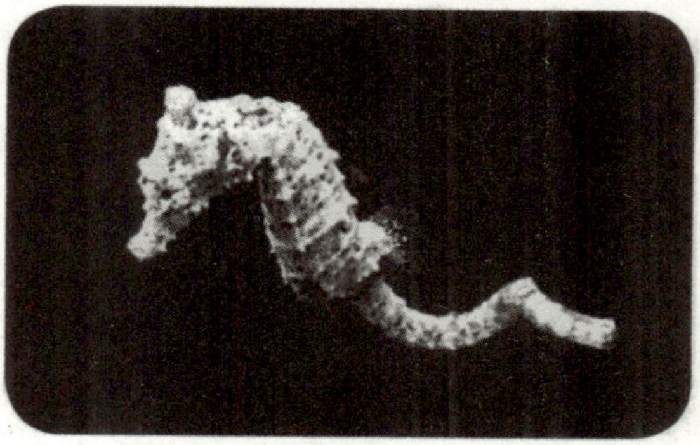
小海马

事实上，鱼是没有喉头声带的，而且它们的发声机构各不相同。有的鱼利用鳔壁肌肉压迫鳔内气体发出声音，如石首科鱼类的黄花鱼、白姑鱼等；有些鱼利用胸鳍基部关节面的摩擦发出刺耳的声音，如黄颡鱼。

鱼儿发出的声音也是有意义的，而且不尽相同。有的表示求爱，有的表示联络，有的表示愤怒，有的表示警报，有的则表示准备战斗。如黄花鱼在产卵期会发出很响的叫声，目的是为了吸引异性；索饵鱼类发出的声音，是联络的信号，示意同类发现了食物并保持集体活动；黄颡鱼“吱吱”的刺耳叫声，是为了吓跑敌人；而深海鱼类的发声，则起到了回声探测方位的作用。

既然鱼儿可以发出多种声音，而且它们的声音也有着各自的用途，那当然也说明它们的听觉也是很灵敏的。为什么我们看不见它们的耳朵呢？那是因为它们只有内耳，没有耳壳，所以我们看不到。如果将鱼头骨的一侧掀去，我们就会看见包在头骨中的内耳构造了。

鱼的内耳大致可以分为上下两部分。上部分有三个相互垂直的管，叫做半规管，与三个管相交的部分叫做椭圆囊，这一部分主要起到平衡的作用。管与囊中有淋巴液、小耳石和感觉细胞，通过淋巴液及小耳石刺激感觉细胞

黄花鱼

并传送到神经中枢，使鱼能随时控制自己的姿势，以保持身体的平衡。内耳的下半部分叫球形囊，其中也有淋巴液、耳石和感觉细胞，只是这里的耳石较大，叫做鱼脑石，而鱼的听觉就主要靠这部分。一般来说，当外界的振动也就是声波，传到了淋巴液与耳石时，它们便刺激了感觉细胞，于是声波就像电话一样传送到神经中枢，从而让鱼具有了听觉。

不过，内耳并不是鱼儿的唯一听觉器官。如，角鲦鱼就有另外的声感觉中心，它对每秒振动 280 次的声音最为敏感。

另外，鳕鱼、鲱鱼与鲤鱼科鱼类，因为它们的内耳与鳔有联系，而声波又会影响到鳔的变化，并会马上传到内耳，因此，它们拥有更加灵敏的听觉。

视角延伸

鱼鳔是什么

一般来说，硬骨鱼类大多数都有鳔，也就是我们俗称的“鱼泡泡”。它的体积约占身体的 5%，形状有卵圆形、圆锥形、心脏形、马蹄形等。鱼鳔里充填的气体主要是氧、氮和二氧化碳，其中氧气的含量最多。所以，在缺氧的环境中，鱼鳔可以作为辅助呼吸器官，为鱼提供氧气。

通常，鱼鳔有五大功用：

一是鱼鳔能控制鱼体比重，使鱼保持在某一个水层。

二是鱼鳔可以使鱼体各点产生的浮力与不同部位产生的重力相抵消。

三是鱼鳔肌控制着鱼鳔承受压力的大小，决定着不同鱼种生活的不同水域。如，鱼鳔肌厚实，则承受压力大，一般生活在较深水域，属于深水（海）鱼；相反，则只能在浅水（海）活动，属于浅水鱼。

四是鱼鳔可以使鱼腹腔产生足够的空间，保护其内脏器官，避免水压过大。内脏器官受损。

五是在肺鱼和总鳍鱼类中，鱼鳔可以作为辅助呼吸器官。

13 海上那神秘的歌声

娓娓道来

早在古希腊时代，西方就广泛流传着“美人鱼”唱歌的故事。传说，在地中海的荒礁上，住着一些幻形为美女的女妖，唱着优美的“梵音”，引诱那过往船只上的船员。那片美丽的海域，也因此被笼上了一层神秘的面纱。

真的是美丽的人鱼在寂寥地唱着动听的歌吗？答案自然是否定的。事实上，“美人鱼”不过是那远远看起来上身有些像人的儒艮，它们经常出没于地中海，所以才让古希腊海员误认为“美人鱼”。

儒艮不仅形象不美，而且还很丑陋，完全介于“美”之外。它的体形像一只巨大的纺锤，身大头小，尾巴像月牙。最难看的是它那像耗子一样的眼睛，鼻孔顶在头上，耳朵无耳沿，两颗獠牙从厚嘴唇边露出，样子十分难看。皮色灰白，身上长着稀稀

儒艮

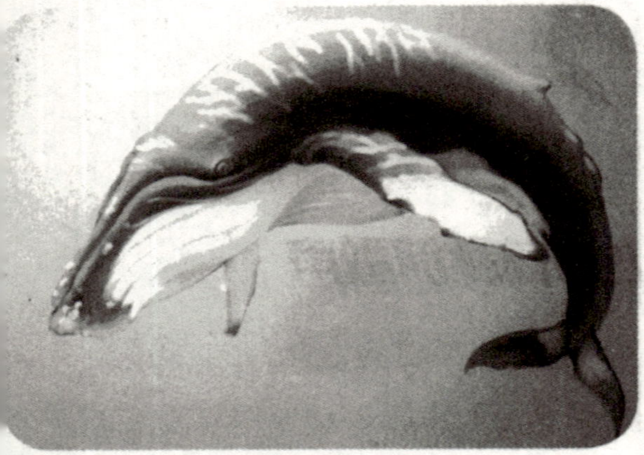

座头鲸

拉拉的硬刺，实在算不上什么美。说它是美人鱼，是因为它在生活习性上和人类有相近的地方，就是幼儒艮都是吸吮妈妈的乳汁成长；儒艮的体形也确有点像女人的地方，它退化了的前肢——胸鳍旁边长着一对较为丰满的乳房，其位置与人类非常相似。所以在它偶尔腾流而起，露出上半身出现在海面上时，真有点妇人模样。

既然已经知道了“美人鱼”的真相，那么，那动听的声音，是它们在引吭高歌吗？答案自然也是否定的。直到很长一段时间，人们才揭开了“美人鱼”歌声之谜。

一天，美国著名的生物学家罗杰·佩恩博士与夫人凯蒂驾驶着一艘小艇，在大西洋的百慕大群岛水域进行考察。此时，夜幕已经降临，但他们还在距离海岛一段距离的海面上。突然，佩恩在水听器中听到从大洋深处传来一阵奇异的歌声。这声音绵绵不断，在广阔深幽的海中荡漾。那乐声时而高亢，时而低沉，自然成一体，甚是动听。这难道就是传说中的“美人鱼”之声吗？而这显然不是儒艮之为。那是什么才有如此美妙的“嗓音”呢？后来，经过佩恩博士的分析，才发现那“歌声”原来是座头鲸发出来的。

座头鲸硕大无比，体重可达40吨，它们看上去笨头笨脑，却有着一副天生的“好歌喉”。当它们引吭高歌时，那声音是那样的悠远响亮，歌声在水下竟能传播10多千米，以至于在海面上也能透过船底的振动而听到它的歌声。

快艇与座头鲸

因此，佩恩博士他们为了研究座头鲸这种不可思议的本能，常常潜入海中，与鲸结伴为伍，详细地观察和记录鲸的歌声前后共长达 20 年。

他们发现，座头鲸夏天在凉水海域觅食时并不歌唱，只是在每年冬天洄游到热带水域繁殖地点后才会引吭高歌，而且那些唱歌的鲸又均为雄性。因此，也有人认为，它们这是在唱情歌。

经过声谱分析表明，座头鲸的歌声节奏分明，抑扬顿挫，交替反复，就如那百鸟朝凤、青蛙啼鸣。所不同的是，座头鲸的曲调千变万化，持续时间长达 6 ~ 30 分钟。

那么，座头鲸又是通过什么方法来进行独唱的呢？原来它们是靠贮存在头部的空气振动来发音的。所以，这种高歌并不需要吐气、换气，也不受呼吸的干扰。可见，它们这种独特的唱法简直让我们人类歌唱家们望洋兴叹！不过，唱歌的本领并不是所有的鲸鱼都有的。目前，发现的只有座头鲸，而其他鲸鱼发出的仅仅是些杂乱无章的声音。

视角延伸

座头鲸的分布

座头鲸大部分栖息于太平洋一带，总数只剩下 4000 只左右。中国黄海、东海、南海均有分布。

成年座头鲸在中美洲西海岸的哥斯达黎加附近进行交配、分娩、哺乳，之后成年座头鲸穿越赤道返回南极地带，在食物来源丰富的南极地区休养生息，其交配繁殖与哺育幼崽之地相差 8000 千米之遥。由此，专家确认座头鲸为世界上航行距离最远的哺乳动物个体，从而结束了长久以来生物学界为哪种鲸鱼才是真正航行纪录创造者争论不休的局面。

14 鸟儿歌唱的小秘密

娓娓道来 同学们，当你们漫步于郊外时，听着那鸟儿动听的歌声，吹着那微风，定会感觉到心情是那么的舒畅，生活也因此平添了很多乐趣。但是，你们是否知道，那动听的歌声之中又隐藏了多少的秘密，它们的鸟语之中又代表着什么含义？

鸟儿的种类有很多，它们歌唱的声音也不尽相同，可谓百转千回。它们之中有的能唱出各种婉转悦耳的声音；有的歌唱虽然简短，但音调轻松而活泼；有的歌唱却特别单调而枯燥，没有一点音乐感可言。通常，圆润而优美的歌唱，在鸟类中，以鸣禽类最多。

麻雀

一般来说，鸟儿每次啼鸣，总有一个意思完整、表达明确的内容。这样一个内容最少会发出 10 个音节，最多可发出 100 个以上的音节。音节越多，鸣声也就越好听。有的鸟儿，每次啼叫 2 秒，就要停顿一下；有的啼鸣可持续 20 秒左右；也有的竟能连续不断地啼鸣。

我们人类很早就注意到，鸟儿的

啼鸣主要是为了寻求配偶。如麻雀本不是以善于鸣叫著称的鸟儿，可是在寻求配偶期间，它们也会啾啾唧唧，唱出许多调儿来。曾经有一位鸟类学家，对一只雄雀做了462次记录，发现它在啼鸣中，有13种不同的声型，187个小小的音节变动。

事实上，鸟儿的善于啼鸣，除了有它的先天条件外，更重要的是后天学的。科学家曾经将一只幼鸟单独饲养在与外界隔绝的环境里，结果这只鸟儿长大后，却只具有最原始的啼鸣能力。不过，同样的另一只幼鸟因为与同样的群鸟养在一起，它的啼鸣能力就相应地要高很多，不但学会了群体语言，而且在那些老鸟的传带下，它的啼鸣能力也发展得更为完善。

大雁

一般来说，鸟儿啼声的发展，与它们性激素的分泌有着直接的关系，从鸟儿的青春期开始，它们便一个接一个音节地练习它们记着的曲子，在练习的过程中，它们甚至还能对音调加以修饰。

通常，鸟儿的鸣叫是保护与防御的反应。当鸟群在茂密的大森林里寻找食物，或者在夜晚迁徙的时候，鸣叫可以保持个体之间的联系。如大雁在春天北飞、秋天南返的迁徙过程中，如果遇到风和雨，难免会有失群的孤雁，这也就是为什么有时我们会听见孤雁的鸣叫，那正是它在与主群取得联系的信号。

画眉

通过鸣叫也可以警戒敌人的攻击，以达到自己的目的，或以鸣叫引诱猎物，以利于个体生存的需要。如夜晚大雁栖息时，当它们听见有兽类袭击或者有可疑的声音时，便会立刻鸣叫，以示警戒。

事实上，鸟儿的啼鸣除了寻

雏鸟

求配偶与保护、防御外，也为了表明它们所占的“领地”。据说，在保卫它们领地的鸣叫中，有的鸟儿居然还会使用空城计。如有一种红翅画眉，它们往往会在一棵树上鸣唱一会儿后，又飞到另一棵树上鸣唱，不过在第二棵树上鸣唱的，无论声型、音调高低，或者持续的时间，都与它在第一棵树上所鸣唱的大不相同。对于不知真相的其他鸟儿来说，仿佛这林子里的某一区域里，已经栖息着好几种鸟儿了，还是不去打扰为好，免得自惹麻烦。

另外，鸟儿鸣叫还是幼鸟求食的信号。当老鸟长时间没有喂幼鸟食物时，由于饥饿的刺激，幼鸟也会“唧唧”的鸣叫。如住在屋檐下幼小的燕子，时常会叫个不停，但等老燕子飞回来喂它吃过东西以后，它便安静下来了。可见，它们的鸣叫是在向自己的父母示意：“我饿了！”

视角延伸

关于鸟儿鸣叫的实验

鸟类学家曾做过这样一个实验：为了证实鸟儿那保卫领地的绝招，他们将鸟儿的鸣声录了下来，然后在树林里播放。他们连续 1 小时，反复播放同一个完整的内容，然后停播 1 小时。最后又交替播放同一只鸟儿的几种不同鸣叫的完整内容，而且也是 1 小时。结果发现，在反复播出同一内容和停播的那两段时间里，其他地方都有鸟儿飞进林子的这个区域里来了，而当交替播放那几种不同的鸣叫内容时，其他地方的鸟儿，即使飞经这个区域，也未曾停落。那是因为它们误以为这个区域已经有其他的鸟儿占据了，自己无须再自找麻烦。

传奇三

风光不与四时同——自然奇观

1 风声

娓娓道来

要问最近最火的谍战大片是什么？相信同学们都想到了麦加的《风声》，它确实掀起了谍战片的大潮。不过，我们所要讲的“风声”是大自然的馈赠——风的声音。

风是空气流动的现象，在气象学中特指空气在水平方向的流动。风是大自然中特有的现象，如果没有风，便没有“风吹草低见牛羊”，没有“大风起兮云飞扬”，没有“山雨欲来风满楼”。

风可分为很多种，古时便有对风的描述：“风，八风也。东方曰明庶风，东南曰清明风，南方曰景风，西南曰凉风，西方曰阊阖风，西北曰不周风，

吹动芦苇的微风

北方曰广莫风，东北曰融风。风动虫生，故虫八日而化。”可见，东南西北风也有着其他不同的名字。

如果从广义方面来讲，风有微风、飓风等，而它们的声音都是在“呼”的基础上。

春天，满眼都是新绿。听，“沙沙沙……”，那是温柔的风儿在抚摸着世界上的万物。那轻风在绿叶间籁籁流动，“卷着”花香在屋檐下悄悄飘荡。

吹起海浪的大风

夏天，满眼都是翠绿。听，“嗖嗖嗖……”，那是淘气的风儿在绿叶间穿梭，时不时地在与大自然的朋友们嬉戏玩耍。

秋天，满眼都是金色。听，“呜呜呜……”，那是萧瑟的风儿吹落了树叶，在它深沉苍劲的歌声中，我们能感受到它旺盛的生命力和理想的诗意与青春的激情。

冬天，满眼都是洁白。听，“呼呼呼……”，那是激烈的风声猛地响起，霎时便狂风大作，卷起片片雪花，在空中零乱地“跳着舞”。

视角延伸

风的级别

蒲福氏风级是英国人弗朗西斯·蒲福于 1805 年根据风对地面物体或海面的影响程度而定出的风力等级。按风力强弱，将风力划分为“0”～“12”，共 13 个等级，即目前世界气象组织所建议的分级。到了 20 世纪 50 年代，因为发明了更完善的测风仪器，在自然界中可以实际测量出的风力便大大地超过了 12 级的风力等级，于是就把风力等级由“0”至“12”级扩展至最高的“17”级，即共 18 个等级。

2 雷 声

娓娓道来

相信同学们一定很熟悉“雷人”这个网络语言。如，雷人语录，被“雷到”等。不过，我们所要讲的当然不是什么网络语言，而是大自然中独有的现象——“雷”，它是大雨来临之前的讯息。

雷是自然现象中的一种。闪电是雷雨云体内各部分之间或云体与地面之间，因带电性质不同而形成的具有很强电场的放电现象。而伴随闪电而来的，便是那隆隆的雷声。听起来，雷声可以分为两种：一种是清脆响亮，像爆炸声一样的雷声，我们通常将其称为“炸雷”；一种是沉闷的轰隆声，称为“闷雷”，其中闷雷中又有一种是低沉而经久不息的隆隆声，有点像推磨时发出的声响，称为“拉磨雷”。

炸雷，一般是距离我们很近的云对地面闪电所发出的声音。在这种情况下，当我们在见到闪电之后，几乎立即就能听见雷声，有时甚至在闪电的同时便听见了雷声。那是因为，闪电就在我们附近，它所产生的爆炸波还来不及演变成普通声波，所以听起来就犹如那爆炸声一般。如果云中闪电时，雷声便在云里面进行多次反射，在爆炸波分解时，又会产生许多频率不同的声波，它们之间相互干扰，才让我们听起来感到声音沉闷，而这也就是我们在雷雨天气时所听到的闷雷。一般来说，闷雷的响度比炸雷小，也没有炸雷那么吓人。

而拉磨雷便是长时间的闷雷，其中雷声拖长的原因主要是声波在云内的多次反射以及远近高低不同的多次闪电所产生的效果。另外，当声波遇到山峰、建筑物或地面时，也会产生反射，有的声波甚至要经过多次反射，而这多次反射又有可能在很短的时间间隔内先后传入我们的耳朵。此时，我们听起来，便会觉得那雷声沉闷而悠长。

那么，雷声是怎么形成的呢？

那是因为闪电通路中的空气突然剧烈增热，使它的温度高达15000℃～20000℃，因而造成空气急剧膨胀，通道附近的气压可增至100个大气压以上。紧接着，又发生迅速冷却，空气很快收缩，压力降低。这一骤胀骤缩都发生在千分之几秒的短暂时间内，所以在闪电爆发的一刹那间，会产生冲击波。冲击波以5000米/秒的速度向四面八方传播，在传播过程中，它的能量很快衰减，波长则逐渐增长。在闪电发生后0.1～0.3秒，冲击波就演变成声波，这也就是我们听见的雷声。

事实上，远在古时，便有对雷的描述。“雷，阴阳薄动，雷雨生物者也”，这是《说文》中，对雷的简单解释；“仲春，雷乃发声；仲秋，雷始收声”，这是《礼记·月令》中，对雷在不同季节时的简单概括。

电闪雷鸣

防雷击须知

每年，在雷雨季节时，都难免会发生雷击现象。因此，对于同学们来说，应该了解一些必要的防雷击常识。

第一，在打雷下雨时，严禁在山顶或者高丘地带停留，更要切忌继续蹬往高处观赏雨景。不能在大树下、电线杆附近躲避，也不要行走或站立在空旷的田野里，应尽快躲在低洼处，或尽可能找房层或干燥的洞穴躲避。

第二，雷雨天气时，不要用金属柄雨伞，摘下金属架眼镜、手表、裤带，若是骑车旅游要尽快离开自行车，也应远离其他金属制物体，以免产生导电而被雷电击中。

第三，在雷雨天气，不要去江、河、湖边游泳，划船，垂钓等。

第四，雷雨天气发生时，即使在安装了避雷针的情况下，也应该迅速拔掉室内电视、电冰箱以及天线电源的插头，防止空间电磁波干扰造成不必要的损失。此外，从电闪雷鸣的形成和发生过程来看，空旷场地上、建筑物顶上、高大树木下、靠近河湖池沼以及潮湿地区都是雷击事故多发区。

第五，在室外，要考虑到雷电活动区域，看雷电活动远近，一般是听雷声就能判断出远近，不要躲到避雷针和大树下面。在空旷的地方不要打雨伞，因为雨伞有伞尖，电场强度要集中些。不要在空旷地方使用手机。要蹲下来，两脚并拢。

第六，如遇雷雨天气，最好躲入一栋装有金属门窗或设有避雷针的建筑物内。而一辆金属车身的汽车也是最好的“避雷所”，一旦这些建筑物或汽车被雷击中，它们的金属构架或避雷装置或金属本身会将闪电电流导入地下。

视角延伸

3 雨声

娓娓道来 “雨是一种单调而耐听的音乐，是室内乐，是室外乐。户内听听，户外听听，冷冷，那音乐。雨是一种回忆的音乐，听听那冷雨……” 多美的意境。雨是大自然中的一种现象，却也尽显万种柔情——春夏秋冬，饱含着不同的感情：春雨绵绵不休，夏雨洋洋洒洒，秋雨潇潇瑟瑟，冬雨飘飘零零……而那雨声，自然也有着些许的不同。

雨是从云中降落的水滴。那么，它是如何形成的呢？

当地球上的水受到太阳光的照射之后，就会变成水蒸气被蒸发到空气之中。当水蒸气在高空中遇到冷空气时便会凝聚成小水滴。这些小水滴都很小，它们的直径只有 0.0001 ~ 0.0002 毫米，最大的也只有 0.002 毫米。它们可谓是又小又轻，所以被空气中的上升气流托在空中，从而凝聚成了云。如果这些小水滴要变成雨滴降到地面上，它的体积大约要增大 100 多万倍。那么它们是如何使

雨水

厚厚的云层

自己的体积增长到100多万倍呢?

它们主要依靠两个手段:其一是依靠凝结和凝华增大;其二是依靠云滴的碰撞而增大。在雨滴形成的初期,云滴主要依靠不断吸收云体四周的水汽来使自己凝结与凝华。如果云体内的水汽能够源源不断地得到供应与补充,使云滴表面经常处于过饱和状态,那么,这种凝结过程将会继续下去,使云滴不断增大,成为雨滴。不过,有时云内的水汽含量有限,在同一块云里,水汽往往供不应求,这样就不可能使每个云滴都增大为较大的雨滴,所以有些较小的云滴就只好归并到较大的云滴中去。如果云内出现水滴与冰晶共存的情况,那么,这种凝结与凝华的增大过程将会大大加快。而当云中的云滴增大到一定程度时,由于大云滴的体积和重量不断增加,它们在下降过程中不仅能够赶上那些速度较慢的小云滴,而且

小雨滴答

还会“吞并”更多的小云滴使自己壮大起来。那么，当大云滴越长越大，最后大到空气再也托不住它时，它便会从云中落到地面，成为我们常见的雨水。

通常，按照降水量的大小，可将雨划分为：小雨、中雨、大雨、暴雨、大暴雨以及特大暴雨 6 个等级。

雨声，在春夏秋冬这四个季节里，也不尽相同，有着它们独有的韵味。

春天，常常会飘着那绵绵细雨，有着“春雨贵如油”般的宝贵。与三两个同学走在放学的路上，听着那淅淅沥沥的雨声，深深享受着大自然给予的馈赠，该是多么惬意!

夏天，是雷雨的多发季节。随着那滚滚雷声，雨便“排山倒海般”地来了，细密如丝。听，“噼噼啪啪”，那是雨在敲打着篷布的声音；入夜，雨已渐渐停息。躺在床上，听着那“滴答，滴答”的声音，原来是那房檐上的雨滴在敲打着屋前的芭蕉叶。

秋天，也时不时地会飘着那潇潇的秋雨，滋润着已飘落的落叶。在铺满落叶的小径上，微凉的雨抚摸着泛黄的叶子，发出“沙沙”的低语声。

冬天，虽说应该是雪的天下，但在初冬之时，冬雨也会偶尔的光临。冬雨，从天空而洒，夹杂着似雪非雪的冰滴，静静而落：它掉在路面上，拍在眷恋的树叶上，跌入河塘里……那声音高高低低错落有致，像极了一曲和谐的轻音乐。

视角延伸

酸雨是什么

酸雨是指 pH 小于 5.6 的雨雪或其他形式的降水，是雨水被大气中存在的酸性气体所污染。酸雨主要是人为地向大气中排放大量酸性物质造成的。我国的酸雨主要是因大量燃烧含硫量高的煤而形成的，多为硫酸雨，少为硝酸雨。另外，各种机动车排放的尾气也是形成酸雨的重要原因。近年来，我国一些地区已经成为酸雨多发区，酸雨污染的范围和程度已经引起人们的密切关注。

4 瀑布声

娓娓道来

“还没看见瀑布，先听见瀑布的声音，好像叠叠的浪涌上岸滩，又像阵阵的风吹过松林。”未见其身，先闻其轰轰隆隆的阵阵声响。可见，瀑布的声音是何等的雄浑。

瀑布

瀑布在地质学上称为跌水，也就是河水在流经断层、凹陷等地区时的垂直跌落。在河流的时段内，瀑布是一种暂时性的特征，它最终会消失。

那么，瀑布是如何形成的呢？

通常，我们认为瀑布的成因会很简单，无非就是一条河流翻过一个悬崖峭壁，就形成了瀑布。事实上，瀑布的形成主要有三种：一种就像是尼亚加拉瀑布，它是尼亚加拉河水翻过白云石的岩壁，直落入下面的一个大水池里，翻滚流飞的水流不休止地浸蚀页岩，淘空了白云岩的岩洞，一块块的白云岩崩落而下，使得悬崖永远陡峭；一种瀑布的形成，就是在古代有一大块熔化了的岩石从下面挤上来，然后随着时间的推移，慢慢地

飞泻而下的瀑布

岩石硬化了，后来就在河道中形成了一堵墙，如我国的黄石瀑布就是这样形成的；一种是古代的冰川切入山谷之中，使两侧形成悬崖峭壁，瀑布便由此生成。

瀑布是地球上很壮美的自然景观，它的声音更是震慑人心。

当我们置身于旅游景点，仰望那美丽的瀑布之时，便会觉得它简直犹如一只弥漫于天地间的巨手从高处向我们合拢过来。只见它从高高的上空飞泻而下，像一条永远也剪不断的晶莹的布匹，那瀑布如洪水一般咆哮而过，落到下面的瀑潭里，如飞花碎玉般溅起一片又一片晶莹的水珠。突然，从高空中又飞泻而下一股巨大的不可抗拒的瀑流，如暴风雨般猛烈，哗啦一下撞碰在石头上，与石头摩擦出震耳欲聋的响声。这声响，真是令人震撼。

黄石瀑布

如果我们静下心来仔细倾听那喧嚣的瀑布之声，便会发觉，原来这一波一涌的瀑布也是有韵律的，它正谱写着自己独有的“狂想曲”。

视角延伸

我国最秀美的十大瀑布

（1）大龙湫瀑布

整座雁荡山能叫得出名称的瀑布有20余处，最为著名的便是那190米高的大龙湫，据说它是中国落差最大的瀑布之一。大龙湫的特色在于，一股悬空脱缰而下的急流，因落差太大，因山风吹拂，分成各具特色的两段，上半段白练飞舞，下半段如烟如雾。

（2）银练坠瀑布

最柔美的瀑布银练坠瀑布在天星桥景区内。几块巨岩犹如自然垂下的肩膀，让流水轻盈地漫过，缓缓地汇聚在深潭里。岩石表面就像粗糙的皮肤，流水在上面形成了美丽的银色颗粒，因此整个景观就仿佛银练纷垂，其柔美风韵让人的心一下子软了几分。

（3）流沙瀑布

流沙瀑布落差达216米，据说居全国之冠。大部分时候，瀑布从绝壁之上腾空而下，极高的落差，流水到了下面就散落成流沙状。

（4）九寨沟瀑布

最洁净的瀑布群在九寨沟里，沿着水流步行简直是一种无比美妙的享受。

（5）镜泊湖瀑布

镜泊湖瀑布是中国最大的火山瀑布。

（6）壶口瀑布

壶口瀑布是世界上第一条黄色瀑布。

（7）德天瀑布

德天瀑布是亚洲最大的跨国瀑布，是归春河水在千岩万壑中划开了中越两国的界限，不论春夏秋冬，它都碧绿清澈，纯朴得像崇山峻岭中的女孩。

（8）黄果树瀑布

黄果树瀑布是白水河上最雄浑瑰丽的乐章，它将河水的缓游漫吟和欢跃奔腾奇妙地糅合在一起。从 68 米高的悬崖之巅跌落的是整整一条河的热忱，在 81 米宽的瀑面上水汽飘然，若逢适当的阳光照射还可形成迷人的彩虹。

（9）庐山瀑布

庐山瀑布是最具有诗意的，历代诸多文人骚客在此赋诗题词，赞颂其壮观雄伟，给庐山瀑布带来了极高的声誉。

（10）马岭河瀑布

我国最大的瀑布群马岭河发源于乌蒙山脉，马岭河的瀑布飞泉有 60 余处，而壁挂崖一带仅 2 千米长的峡谷中，就分布着 13 条瀑布，形成一片壮观的瀑布群。

5 流水声

娓娓道来

“小溪流有一首歌，是永远也唱不完的。一条快活的小溪流哼哼唱唱，不分日夜地向前奔流。山谷里总是不断响着它歌唱的回声……”是的，流水的声音是美妙的，有时婉转流长，有时又“奔腾到海不复回”，自古便有着“落花无情，流水有意”的美丽词句。

水，是生命的源泉。水，在流动之时，又有着自己独特的声音，它欢快地流淌着，谱写出美妙的乐章：或是叮咚之声，那是泉水叮咚；或是汩汩之声，那是自泉眼中冒出的泉水；或

潺潺流水

是淙淙之声，那是温柔的流水；或是哗哗之声，那是有着劲儿头的流水；或是潺潺之声，那是溪水潺潺……

流水的声音是动听的。当我们结束一天的功课，若能够躺在河边的草地上，用心去听那流水声，那潺潺的声音是那么的悦耳，天籁之音想必也不过如此吧。

当我们泛舟河上之时，才发现那清澈宁静的河面，像一面硕大无朋的镜子，倒映着两岸秀颀的垂柳的影子，也倒映着野花的影子。木船沿着静静的河面由西向东，缓缓驶进这清新的画卷。河水拥挤着、推搡着，如调皮的孩子，从木船周边四散跑开，拍击着岸边样子有些怪的小石头，哗哗作响，似欢迎的掌声，又似歌吟的节拍。木船过后，掌声骤歇。水面上粼粼的波纹渐趋平静，夕阳的余晖抹在河面上，如少女脸上飞起的红晕，羞怯，迷人。

波光粼粼的河水

视角延伸

黄河

唐朝诗人李白曾经吟过："君不见黄河之水天上来，奔流到海不复回。"可见，黄河源远流长。

黄河，全长约为5464千米，流域面积约为79.5万平方千米，是中国第二大长河，世界第五大长河。它发源于青海省青藏高原的巴颜喀拉山脉北麓的卡日曲，呈"几"字形。流经青海、四川、甘肃、宁夏、内蒙古、山西、陕西、河南及山东9个地区，最后流入渤海。由于河流中段流经我国黄土高原地区，因此夹带了大量的泥沙，所以它也被称为世界上含沙量最高的河流。但是在我国历史上，黄河及沿岸流域给人类文明带来了巨大的影响，是中华民族最主要的发源地之一，因此我们称其为"母亲河"。

6 海浪声

娓娓道来

海浪是发生在海洋中的一种波动现象。那一望无际的汪洋，就算是风很平，也会有浪涛，一波一波拍打着岸边的岩石，“敲出”略显低沉的声音，那是海浪谱写的乐章。

海浪，是因为风所产生的波动，包括风浪、涌浪和近岸波。其中，风浪是指在风的直接作用下所产生的睡眠波动；涌浪是指风浪离开风区后或风速、风向等风要素突变后，继续按照原风力作用方向传播的周期为数秒的波浪；近岸波是指由外海的风浪或涌浪传到海岸附近，受地形作用而改变波动性质的海浪。

海浪

事实上，“无风不起浪”、“无风三尺浪”的说法不无道理。那是因为海上有风或是无风都会出现波浪。通常，无风的海面会

海啸

出现涌浪与近岸波，这或许就是我们所说的“无风三尺浪”的依据，不过它们却是由别处的风引起的海浪传播而来的。

广义上的海浪，还包括在天体引力、海底地震、火山爆发、塌陷滑坡、大气压力变化和海水密度分布不均等外力和内力的作用下，所形成的海啸、风暴潮和海洋内波等，它们都会引起海水的巨大波动。

通常，风浪、涌浪和近岸波的波高是几厘米到 20 余米，最大的可达 30 米以上。因为风浪是海水受到风力的作用而产生的波动，因此可同时出现许多高低长短不同的波，波面较陡，波长较短，波峰附近常有浪花或片片泡沫，传播方向与风向一致。一般来说，状态相同的风作用于海面的时间越长，海

巨大的海浪

域范围越大，风浪就越强；当风浪达到充分成长状态时，便不再继续增大。根据波高的大小，通常将风浪分为10个等级，将涌浪分为5个等级。0级无浪无涌，海面水平如镜；5级为大浪、6级为巨浪，对应4级为大涌，波高为2～6米；7级为狂浪、8级为狂涛、9级为怒涛，对应5级为巨涌，波高为6.1米～10多米。

海浪拍岸

那么，海浪又有着什么样的独特声音呢？

当我们漫步于海边，会看到那一浪接着一浪的浪潮。海浪冲得很猛，似乎要冲走所有的石头与沙子。一种巨大的声音由此发出了，那是海水与石沙摩擦出的快乐音符。海浪将什么东西冲到了岸边？原来是海螺。顺手将海螺拾起，将它贴在我们的耳边，我们便会听到类似于海浪的声音："哗哗"，那是海浪在拍打着岩石。

事实上，在海螺里听见的不过是因为共振产生的共鸣声。根据物理学原理，如果来自海螺以外的振动或声音的频率与海螺内腔固有的频率相同，则会发生共鸣。那么，我们听到的到底是不是海浪声呢？答案当然是否定的。我们听到的不过是自己血管中血液的流动声。

视角延伸

什么是海浪普谱

海浪可视作由无限多个振幅不同、频率不同、方向不同、相位杂乱的组成波组成，这些组成波构成了海浪谱。该谱描述的海浪能量相对于组成波的分布，故又名"能量谱"，用于描述海浪内部能量相对于频率和方向的分布。

7 沙子声

娓娓道来 一望无际的连绵沙丘，长长的驼队，斜长的身影，偶尔的一丛绿丛……这便是美丽的沙漠了。当风掠过，便又有了沙砾独有的乐章：轻者似乐队低奏，如歌如泣；重者似万马奔腾，喧嚣震天。

据悉，“会唱歌的沙子”全世界已知道的就已经不下100处，它们主要分布在美洲各国。

凡是听过沙子唱歌的人都觉得，那“歌声”简直可以同笛声、竖琴声、大提琴声、远处的雷声、哨声相比较。不过，纵然它们的声音再多种多样，也有着共同点，那就是沙漠中的沙子“唱得”音调比较低，而海滨的沙子“唱得”音调比较高。

前苏联科学家马里昂莱夫斯基曾经这样叙述过科拉半岛沙子的“歌唱声”：“当我跨步的时候，海滨的沙子发出了深沉的声音；当我顿脚的时候，沙子便发出了尖叫声……扬起了一阵疾风，沙子被吹了起来，于是我周围的一切都唱起来了，发出了振铃声，并且声音十分清晰，像笛音一样婉转动听……把盛有沙样的小口袋动一下，它也发出同样的声音。如果我试将小口袋揉一下，它立即发出猪一样的呼噜声与刺耳的声音……”

沙漠虽然常常给人们一种干旱、荒凉的景象，但它也有着自己独特的作品，鸣沙就是其中的一种。在我国，在沙漠中发现鸣沙的地方就有几十处，其中较大的鸣沙有敦煌的鸣沙山，宁夏中卫的沙坡头和内蒙古达拉特旗的银肯沙。

鸣沙山

鸣沙山距敦煌10余里，那里遍地都是沙坡。其中有一个几百米高的沙岗，当我们躺在沙坡上，挥动双手，从顶部向下滑动时，随着那沙土的倾泻，一种像音乐般的声音便会从沙底发出。而且这声响在山谷中还会逐渐加大，最后变成吼叫，响声直达敦煌城。

对于鸣沙山这种奇观，我国已有两千多年的历史记载。远在西汉之时，就是因为沙鸣声好似那演奏丝竹管弦般的音乐，所以才将“沙岭晴鸣”列为敦煌八景之一。

那么，沙丘鸣响究竟又是怎么回事呢？经科学家研究后认为，不同的地理环境，响沙的原因是不同的。一种是沙粒的大小不同，滑动中沙粒的孔隙经常会发生变化，进入孔隙中的空气处于时进时出的振动中，因此会发出响声；一种是细而干燥的沙，经太阳暴晒后，受到外界的影响，如风吹或人在上面走动，沙粒相互摩擦而发出声音；一种是沙子中富含石英，石英晶体对压力反应灵敏，受挤压会产生电，在电的作用下会伸缩振动，故而发出声音……

敦煌鸣沙山的音响是因为沙丘上下的潮湿情况不同，它上面是干燥的沙层，下面是密集、潮湿的沙土层。当大量表面干燥的沙子沿斜坡下滑时，沙层表面就产生了特别的波浪纹，这种波纹产生的振动力作用到下面潮湿的沙土层，就像弦乐器的金属共鸣箱一样，引起共鸣的声响。

视角延伸

撒哈拉沙漠

撒哈拉沙漠约形成于250万年前，是世界第二大荒漠，仅次于南极洲，也是世界上最大的沙质荒漠。它位于非洲北部，气候条件非常恶劣，是地球上最不适合生物生存的地方之一。其总面积约容得下整个美国本土。“撒哈拉”是阿拉伯语的音译，源自当地游牧民族图阿雷格人的语言，原意即为“沙漠”。

传奇四

只留清气满乾坤——哲理典故

1 阳春白雪

《阳春白雪》原本是春秋战国时期楚国的两首高深的歌曲名，也就是《阳春》和《白雪》，至今已有两千多年的历史。

娓娓道来

《阳春白雪》是我国著名的十大古曲之一，古琴十大名曲之一。有人说它是春秋时期晋国的乐师师旷所作，有人说它是齐国的刘涓子所作，也有人说它是由楚国著名歌舞家莫愁女在屈原、宋玉的帮助下传唱开来的。

《神奇秘谱》在解题中说：“阳春取万物知春，和风淡荡之意；白雪取凛然清洁，雪竹琳琅之音。”

《阳春白雪》表现的是冬去春来、大地复苏、万物欣欣向荣的初春美景，它的旋律清新流畅，节奏轻松明快。

《阳春白雪》不但有着优美的旋律，而且还有着悠久的小典故。

宋玉是战国后期楚国的一位文人。有一次，楚襄王听别人说了关于他的一些坏话，于是就把宋玉找来问道：“先生的行为恐怕有些不检点的地方吧！为什么许多人都对你不满意呢？”

宋玉听后，不慌不忙地答道："大王，先让我说件事吧！有一个歌唱家在京城歌唱，开始他唱的是楚国最流行的民间歌曲《下里巴人》，这时有好几千人跟着他唱；后来他又唱起比较高深的《阳阿薤露》，此时跟着他唱的就只有几百人了；而当他再唱起高雅的歌曲《阳春白雪》时，跟着他唱的就仅有几十人了；最后他唱起五音六律特别和谐的最高级的歌曲，能跟着他一块唱的就仅仅有几个人了。可见歌曲越是高深，能跟着唱的人就越少啊！"紧接着，宋玉又说："文人之间也是一样。那些杰出的人物志向远大，行为高尚，怎能被一般人理解呢？我的情况正是这样啊！"楚王听了宋玉的这番辩解后，便再没有追问下去。

当然，宋玉与楚襄王的这番讨论的目的并不是在谈论歌曲本身，而是强调雅与俗的巨大差距，并为自己的才德不被世人承认而辩解。宋玉的意思很简单明了：但凡世间伟大超凡者，往往特立独行，他们的思想与行为往往不为普通人所理解。

事实上，"阳春白雪"的典故说明了不同的欣赏者之间，在审美情趣与审美能力等方面均存在着巨大的差异。通常，乐曲的艺术性越高，能欣赏的人就越少。不得不承认，这种差异又与欣赏者的主观趣味有着很大的关系，有时很难得到一个客观公允的评价。正如西晋葛洪在《广譬》一书中所指出的："观听殊好，爱憎难同。"对于那些听惯了桑间濮上之曲、下里巴人之声的人，当然是无法理解阳春白雪与黄忠大吕的高贵雅致。不过，若从

屈原

这点来看，古今并没有太大的区别。我们现在欣赏音乐，也大都是“入耳为佳，适心为快”。

视角延伸

《阳春白雪》一曲成七段

《阳春白雪》可分成起、承、转、合四个组成部分，是一首具有循环因素的变奏体乐曲。

起部：（一）《独占鳌头》。曲首出现长达十七拍的“八板头”变体，阳春白雪它在以后三个部分的部首循环再现。原《八板》的旋律以“隔凡”和“加花”等技法加以润饰，运用“半轮”、“夹弹”、“推拉”等演奏技巧，音响效果独特有趣，使花簇的旋律充满活力。

承部：（二）《风摆荷花》、（三）《一轮明月》。这两个《八板》变体，在头上循环再现《八板头》之后，旋律两次上扬，在高音区上活动，表现情绪较为热烈。

转部：（四）《玉版参禅》、（五）《铁策板声》、（六）《道院琴声》。在这三个段落中出现了不少展开性的因素。第一是乐曲结构的分割和倒装，并出现新的节拍和强烈的切分节奏。第二是运用“摭分”、“板”和“泛音”等演奏指法，使音乐时而轻盈流畅，时而铿锵有力。特别是《道院琴声》，整段突出泛音，恰如“大珠小珠落玉盘”，晶莹四射，充满生命活力。

合部：（七）《东皋鹤鸣》。是本部的动力性再现，在尾部作了扩大，采取突慢后渐快的速度处理，采用强劲有力的扫弦技巧，音乐气氛异常热烈。

2 下里巴人

娓娓道来

毛主席在延安文艺座谈会上曾经说过："现在是阳春白雪和下里巴人统一的问题……"可见，有阳春白雪必有下里巴人，它们是相互映衬的，就如同那绿叶与红花。毋庸置疑，下里巴人是民间乐曲。

《下里巴人》是《下里》与《巴人》，它们原是战国时代楚国的民间乐曲，现在泛指那些通俗的、普及的文学艺术，与"阳春白雪"形成鲜明的对比。

《下里巴人》在战国时代，曾流传于巴、楚交汇之地。事实上，它是周武王伐纣之时，巴人乐歌的历史延续与自然演进。据悉，巴人是一个历史十分悠久的民族，其历史至少可追溯至夏禹时代。

古代乐器编钟

中华民族的优秀文化遗产，一部分保留在古籍中，一部分埋藏在地下，一部分流传在民间。而民间艺术之所以千古流传而不绝于世，在于它通过人民大众世代口头传承的形式，既可以免遭“焚书”之劫，又可以避“文字狱”之灾。而《下里巴人》正是那一代一代传承下来的原始乐歌。

那么，《下里巴人》有没有什么典故呢？答案是肯定的，而且它的小典故与《阳春白雪》的如出一辙，因为它们本身就是如影随形。

视角延伸

巴人是什么

巴人是一个内涵和外延都十分复杂的概念。在古代，大致以川东、鄂西为中心，北达陕南，南及黔中和湘西地区通称为巴，居息繁衍在这个地域内的古族被通称为巴人。巴人，也泛指生长在巴国和巴国属地范围内的所有人，以及从巴迁徙至其他地方的人，而可以不论其本来族别如何。现代一般指重庆及周边生活的人群为巴人。

3 高山流水

娓娓道来

“高山流水，知音难觅”。琴犹在，故人却已去。宁愿将那琴折断，终身不操。也正是有了伯牙当初那摔琴绝弦之举，才成就了这《高山流水》之曲。

《高山流水》是我国的十大古曲之一，它取材于“伯牙鼓琴遇知音”，有琴曲与筝曲两种，其风格完全不同。

（1）琴曲

随着明清以来琴的演奏艺术的发展，《高山》、《流水》有了很大变化。《传奇秘谱》本不分段，而后世琴谱多分段。明清以来多种琴谱中以清代唐彝铭所编《天闻阁琴谱》（1876 年）中所收川派琴家张孔山改编的《流水》尤有特色，增加了以“滚、拂、绰、注”手法作流水声的第六段，又称“七十二滚拂流水”，以其形象鲜明，情景交融而广为流传。

（2）筝曲

筝曲《高山流水》，音乐与琴曲迥异，现有多种流派谱本。流传最广、影响最大的则是浙江武林派的传谱，其旋律典雅、韵位隽永，颇具“高山之巍巍，流水之洋洋”风貌。

山东派的《高山流水》是《琴韵》、《风摆翠竹》、《夜静銮铃》、《书韵》四个小曲的联奏，也称《四段曲》、《四段锦》。

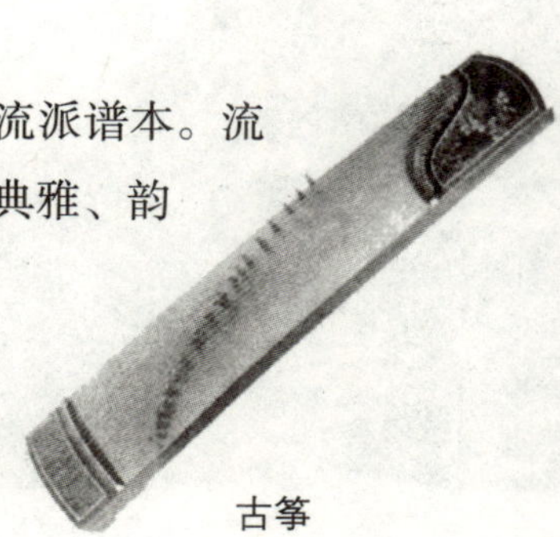

古筝

河南派的《高山流水》则是取自于民间《老六板》板头曲，节奏清新明快，民间艺人常在初次见面时演奏，以示尊敬结交之意。

《高山流水》不但有着优美的旋律，而且还有着颇为凄美的小典故。

俞伯牙从小就酷爱音乐，他的老师曾带着他到东海的蓬莱山，领略大自然的壮美神奇，使他从中悟出了音乐的真谛。他弹起琴来，琴声优美动听，犹如高山流水一般。虽然，有许多人赞美他的琴艺，但他却认为一直没有遇到真正能听懂他琴声的人。他一直在寻觅自己的知音。

有一年，俞伯牙奉晋王之命出使楚国。八月十五那天，他乘船来到了汉阳江口，遇风浪，停泊在一座小山下。晚上，风浪渐渐平息了下来，云开月出。望着空中的一轮明月，俞伯牙琴兴大发，拿出随身带来的琴，专心致志地弹了起来。他弹了一曲又一曲，正当他完全沉醉在优美的琴声之中的时候，猛然看到一个人在岸边一动不动地站着。俞伯牙吃了一惊，手下用力，“啪”的一声，琴弦被拨断了一根。俞伯牙正在猜测岸边的人为何而来，就听到那个人大声地对他说：“先生，您不要疑心，我是个打柴的，回家晚了，走到这里听到您在弹琴，觉得琴声绝妙，不由得站在这里听了起来。”

俞伯牙借着月光仔细一看，那个人身旁放着一担干柴，果然是个打柴的人。俞伯牙心想：一个打柴的樵夫，怎么会听懂我的琴呢？于是他就问：“你既然懂得琴声，那就请你说说看，我弹的是一首什么曲子？”

听了俞伯牙的问话，那打柴的人笑着回答：“先生，您刚才弹的是孔子赞叹弟子颜回的曲谱，只可惜，您弹到第四句的时候，琴弦断了。”

打柴人的回答一点不错，俞伯牙不禁大喜，忙邀请他上船来细谈。打柴人看到俞伯牙弹的琴，便说：“这是瑶琴！相传是伏羲氏造的。”接着他又把这瑶琴的来历说了出来。听了打柴人的这番讲述，俞伯牙心中不由得暗暗佩服。接着俞

如今的蓬莱

伯牙又为打柴人弹了几曲，请他辨识其中之意。当他弹奏的琴声雄壮高亢的时候，打柴人说："这琴声，表达了高山的雄伟气势。"当琴声变得清新流畅时，打柴人说："这后弹的琴声，表达的是无尽的流水。"

俞伯牙听了不禁惊喜万分，自己用琴声表达的心意，过去没人能听得懂，而眼前的这个樵夫，竟然听得明明白白。没想到，在这野岭之下，竟遇到自己久久寻觅不到的知音，于是他问明打柴人名叫钟子期，和他喝起酒来。俩人越谈越投机，相见恨晚，结拜为兄弟，并约定来年的中秋再到这里相会。

和钟子期洒泪而别后第二年中秋，俞伯牙如约来到了汉阳江口，可是他等啊等啊，怎么也不见钟子期来赴约，于是他便弹起琴来召唤这位知音，可是又过了好久，还是不见人来。第二天，俞伯牙向一位老人打听钟子期的下落，老人告诉他，钟子期已不幸染病去世了。临终前，他留下遗言，要把坟墓修在江边，到八月十五相会时，好听俞伯牙的琴声。

听了老人的话，俞伯牙万分悲痛，他来到钟子期的坟前，凄楚地弹起了古曲《高山流水》。弹罢，他挑断了琴弦，长叹了一声，把心爱的瑶琴在青石上摔了个粉碎。他悲伤地说："我唯一的知音已不在人世了，这琴还弹给谁听呢？"

后来，两位"知音"的友谊感动了后人，人们在他们相遇的地方，筑起了一座古琴台，就在武汉市汉阳区龟山西麓，现已成为武汉著名的古迹圣地。而"高山流水"也因此被喻为知音难觅。

视角延伸

俞伯牙与钟子期其人

伯牙是春秋战国时期晋国的上大夫，原籍是楚国郢都（今湖北荆州）。经考证，伯牙原本就姓伯，说他"姓俞名瑞，字伯牙"是明末小说家冯梦龙在小说中的杜撰，而在此之前的《史书》与《荀子》、《琴操》、《列子》等书中均为"伯牙"。

钟子期名徽，字子期，春秋楚国（今湖北汉阳）人。相传钟子期是一个戴斗笠、披蓑衣、背冲担、拿板斧的樵夫。

4 龙吟虎啸

娓娓道来

龙，历来都披着层神秘的面纱，是一种很神异的动物。倘若这世上真的有龙吟，那该会震慑多少人？又该会有多少叶公好龙者，听闻这龙吟而闻风丧胆？虎，百兽之王。虎啸，可谓震慑云霄，令人不寒而栗。既有龙吟，又有虎啸，该是何等的雄浑，何等的非同寻常！

咆哮的老虎

“龙吟虎啸”，若是光从字面上来看，它的意思很简单：像龙在吟唱，像虎在长啸。

龙吟，想必没有人听过，但为什么要将龙的叫声称为“吟”，而不是其他呢？这吟又有什么特点呢？吟有吟诗、吟唱、吟咏，但从这些词组的字面意思上来看，“吟”应该是较为低沉，且有种韵味、节奏的声音。因为龙是一种神物，它的叫声当然是非同寻常的，所以我们便认为龙吟应该是一种低沉的，但是很有韵味，且很感动人的声音；虎发出的声音则用“啸”来表达。那“啸”又是什么样的？关于“啸”，我们常有这样的用法：呼啸、海啸、仰天长啸等。因此，“啸”应该是指那些尖锐的、博大震撼的、响亮的声音。虎在发怒准备攻击时，常会发出一种吼声。但凡听过的人，都有一种魂飞魄散的感觉。

因此，通过对“龙吟”、“虎啸”的剖析，我们可以看出“龙吟虎啸”是形容那些低沉的、锐利的，而且有穿透力、感染力、震撼力的声音。

我国古时早有对“龙吟虎啸”的应用。如，汉朝张衡《归田赋》中“尔乃龙吟方泽，虎啸山丘”；唐朝李颀《听安万善吹觱篥歌》中“龙吟虎啸一时发，万籁百泉相与秋”；明朝吴承恩《西游记》中“龙吟虎啸，鹤唳莺鸣”等。

龙，在我国历来都被视为一种神物，而且代表着吉祥。因此，每到春节，那些关于龙的剪纸、关于龙的春联都会派上用场，“龙吟虎啸”也成为春联的首选，为新春佳节增添了喜气洋洋的一笔。于是，年味也似乎更浓了。

龙的形象

视角延伸

龙的形象

中国古代的神话与传说中，龙是一种神异动物，具有九种动物合而为一之九不像之形象，为兼具各种动物之所长的异类。不过，具体有哪九种动物目前仍有争议。传说多为其能显能隐，能细能巨，能短能长。春分登天，秋分潜渊，呼风唤雨，无所不能。这些已经是晚期发展了的龙的形象，比最初的龙越来越复杂。封建时代龙是帝王的象征，也用来指帝王和帝王使用的东西：龙种、龙颜、龙廷、龙袍、龙宫等。

龙的形象在古籍记述中的形象多而不一。《本草纲目》称“龙有九似”，为兼备各种动物之所长的异类；《尔雅翼》云“龙者鳞虫之长”；另有说法则称“龙的嘴像马、眼像蟹、须像羊、角像鹿、耳像牛、鬃像狮、鳞像鲤、身像蛇、爪像鹰……”

5 孤掌难鸣

娓娓道来

俗话说“一个巴掌拍不响”，实属孤掌难鸣。意为就算你再有能力，仅凭一个人的力量，也难以有太大的作为。

我国著名的文学家郭沫若曾经在《革命春秋·请看今日之蒋介石》中有过这样的描述：“我一个人孤掌难鸣，所以我也只好装聋、装瞎、装哑。”可见，孤掌难鸣的意思是：力量孤单，难以成事。

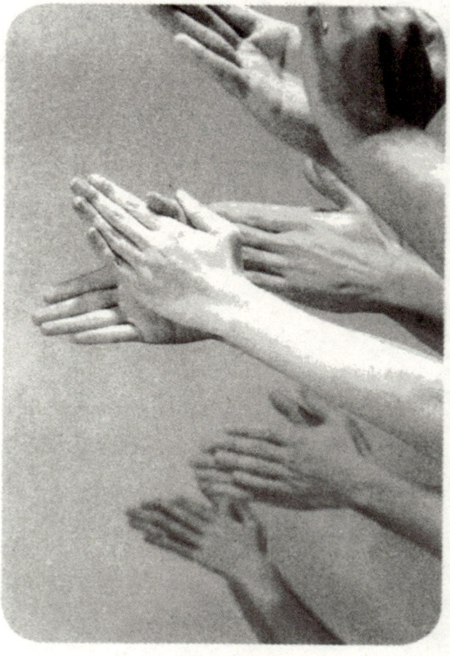

鼓掌齐鸣

孤掌难鸣，并非一枝独秀，它强调的是势单力薄，即便一个人力量大于天，最后也会因寡不敌众，而终将失败。

事实上，“孤掌难鸣”最先出自《韩非子·功名》：“一手独拍，虽疾无声。”大意是一只手单独拍打，虽然很急迫却没有声音。可见，它的意思已经再明了不过——一个巴掌拍不响。

元朝宫大用曾在《严子陵垂钓七里滩》

第三折中有过这样的描述："虽然你心明圣，若不是云台上英雄并力，你独自个孤掌难鸣"；明朝罗贯中在《三国演义》第六十一回同样有过对孤掌难鸣的描述："赵云孤掌难鸣，只护得阿斗，安能移舟傍岸"；明朝冯梦龙在《东周列国志》中也曾有过关于孤掌难鸣的描述："申后久不见太子进宫，著宫人询问，方知已贬去申国。孤掌难鸣，终日怨夫思子，含泪过日"。

视角延伸

韩非子

韩非生于周赧王三十五年，卒于秦王政十四年（约公元前 281 年～前 233 年）。韩非为韩国公子，战国末期韩国人（今河南省新郑市），是中国古代著名的哲学家、思想家、政论家和散文家，法家思想的集大成者，后世称"韩子"或"韩非子"。另外，他还是中国古代著名法家思想的代表人物。

韩非的著作是他逝世后由后人辑集而成的。据悉，《汉书·艺文志》著录《韩子》五十五篇，《隋书·经籍志》著录二十卷。而其篇数、卷数皆与现今保存的版本相符，可见今本并无残缺。

6 四面楚歌

娓娓道来

同学们想必都知道《霸王别姬》吧？秦末，楚汉相争。当年的楚霸王项羽已经被困，恰又听得那四面楚歌，怀疑楚军尽已降汉，便与他最爱的虞姬上演了一段甚为悲壮的“霸王别姬”，因而也演变出成语“四面楚歌”。

“四面楚歌”，单从字面上来看，可以理解为：四面都有人在唱楚国的歌曲。它实际上出自《史记·项羽本纪》，虽然表面意思是指有人在唱楚歌，但它的真正含义却是比喻陷入四面受敌、孤立无援的窘迫境地。另外，它也有着甚为凄美的历史小典故。

项羽画像

公元前 202 年，项羽和刘邦原来约定以鸿沟（古代运何，在今河南境内贾鲁河）东西边作为界限，互不侵犯。后来刘邦听从张良和陈平的规劝，觉得应该趁项羽衰弱的时候消灭他，就又和韩信、彭越、刘贾会合兵力追击正在向东开往彭城（即今江苏省徐州市）的项羽部队。经过几次激

李清照画像

战，最终韩信使用十面埋伏的计策，布置了几层兵力，把项羽紧紧围在垓下（在今安徽省灵璧县东南）。这时，项羽手下的兵士已经很少，粮食又没有了。夜间听见四面围住他的军队都唱起楚地的民歌，不禁非常吃惊地说："刘邦已经得到了楚地了吗？为什么他的部队里面楚人这么多呢？"说着，心里已丧失了斗志，便从床上爬起来，在营帐里面喝酒，以酒解忧，自己吟了一首诗，诗曰："力拔山兮气盖世，时不利兮骓不逝。骓不逝兮可奈何，虞兮虞兮奈若何"。意思是："力量能搬动大山啊气势超压当世，时势对我不利啊骏马不能奔驰。骏马不能奔驰啊如何是好，虞姬虞姬啊我怎样安排你！"，并和他最宠爱的妃子虞姬一同唱和。歌数阙，直掉眼泪，在一旁的人也非常难过，都低着头一同哭泣。唱完，虞姬自刎于项羽的马前。项羽英雄末路，带了 800 余名骑士突围，最终只剩下 28 人。他感到无颜面对江东父老，最终自刎于江边，刘邦独揽天下。

关于这个小典故，南宋词人李清照曾写诗"生当作人杰，死亦为鬼雄，至今思项羽，不肯过江东"，以表达对项王的敬佩与思念之情。

视角延伸

鸿门宴

鸿门宴是指在公元前 206 年于秦朝都城咸阳郊外的鸿门（今陕西省西安市临潼区新丰镇鸿门堡村）举行的一次宴会，参与者包括当时两支抗秦军的领袖项羽及刘邦。这次宴会在秦末农民战争及楚汉战争中皆发生了重要影响，被认为间接促成项羽败亡，以及刘邦成功建立汉朝。后人也常用"鸿门宴"一词比喻不怀好意的宴会。

7 改弦更张

娓娓道来

古琴最早时有五根弦，后来演变成七根，俗称七弦琴。当然，成语“改弦更张”也从其中演变而来，并诉说着一段又一段经典的小故事。

“改弦更张”，最早出自《汉书·董仲舒传》“窃譬之琴瑟不调，甚者必解而更张之，乃可鼓也”。它的意思是改换、调整乐器上的弦，使声音和谐，比喻改革制度或变更计划、方法。“改弦更张”也有经典的小典故。

关于汉武帝的画作

（1）典故一

西汉时，有一位著名的哲学家叫董仲舒，他学习非常用功，整天埋头在书房里学习，书房附近的园圃，两三年都顾不上看一看。后来，他专治《春秋公羊传》，曾任博士、江都相和胶西王相。

当时，汉武帝刘彻举贤良文学之

士，请他们对施政方针提出建议。董仲舒说：“汉朝继秦而立，秦朝的旧制度都不适用了。好比琴上的弦已经陈旧不堪，没法使音调和谐了，必须把它解下来，更换新弦，然后才可弹奏。政策制度也是如此。行不通了，就要改革，然后才能把事情办好。”

（2）典故二

古琴最早只有五根弦，周朝时文王、武王分别加了一根，成了七根弦，此后就一直沿袭下来。到

古琴

了北宋至道元年（公元995年），宋太宗很喜爱古琴，并制成了一架九弦琴。他得意地对大臣们说；“琴原来是七根弦，我现在增加为九根弦，此九弦之名就叫做君、臣、文、武、礼、乐、正、人、心。这样的九根弦弹奏起来一定和谐而不混乱！”

宋太宗这一席话，立即招来一片赞扬声，那些拍马屁之徒更是大呼：“改弦更张，皇上英明！”然而，宫廷琴师朱文济正直不阿，他据理规劝：“文武二王之所以改五弦为七弦，是因为五弦音律不全，难以表现较复杂的音乐，改成七弦后这个缺陷就已克服了，没必要再添弦。”太宗很不高兴，碍于朱文济是宫廷一流琴师，精通乐理，当下也没发作。

琴弦

一日，太宗宴请群臣，微醉之后乃命朱文济弹九弦琴。朱文济早有准备，弹奏了一曲《风入松》，乐曲美妙动听，可他始终只用了七根弦。曲终，那些拍马屁之徒又嚷嚷开了：“真乃神琴也！”“皇上英明，制出如此稀世珍琴！”更有一个丞相点头哈腰地走到太宗眼

前摇头晃脑地捧场：“真是新琴新曲，韵味无穷呀！”此时，朱文济冷笑一声对丞相说：“丞相过奖了，这曲子是古老的琴曲《风入松》，我只用了七根弦。”朱文济此言一出，太宗和丞相都很难堪。

就在这时，另一个名叫赵裔的琴师见机讨好皇上，主动请求表演九弦之琴。他弹了不伦不类的几支曲子后，太宗十分高兴，当下重金赐赏，又封了他一个极高的官职。

可见，改弦更张固然好，但也要符合实际情况，不能盲目地一味变革。

视角延伸

古　琴

古琴亦称瑶琴、玉琴、七弦琴，为中国最古老的弹拨乐器之一，古琴是在孔子时期就已盛行的乐器，有文字可考的历史有4000余年，据《史记》载，古琴的出现不晚于尧舜时期。

8 鬼哭狼嚎

“鬼哭狼嚎”，单看这几个字，就让人感觉到头皮发麻。那该是什么样的声音，又该是怎么样的情境？它实则形容大声哭叫，但是那声音却极其凄厉。“鬼哭狼嚎”还有属于自己的小典故。

娓娓道来

狼嚎

“鬼哭狼嚎”出自元朝无名氏《马陵道》第二折：“可怎生神嚎鬼哭，雾惨云昏，白日为幽。”

清朝曹雪芹的《红楼梦》中曾有过关于“鬼哭狼嚎”一词的应用：“况且宝玉才好了些，连我们也不敢说话，你反打的人鬼哭狼嚎的！”

关于“鬼哭狼嚎”的小典故如下：

战国时期，鬼谷子曾收庞涓与孙膑为徒。同学期间，两人情谊甚厚，并结拜为兄弟，孙膑稍年长，为兄，庞涓为弟。

有一年，当听到魏国国君以优厚待遇招求天下贤才到魏国做将相时，庞涓再也耐不住深山学艺的艰苦与寂寞，决定下山，谋求富贵。而孙膑则觉得自己学业尚未精熟，还想进一步深造；另外，他也舍不得离开老师，就表示先不出山。于是，庞涓一个人走了。他来到魏国，被魏王封为武阴君、兵马大元帅。

庞涓确有本领，不久便侵入魏国周围的诸侯小国，连连得胜，使宋、鲁、卫、郑的国君纷纷来到魏国朝贺，表示归属。不仅如此，庞涓还领兵打败了当时很是强大的齐国军队！

而在此期间，孙膑仍留在山中与师父学艺。他原来就比庞涓学得扎实，加上师父见他为人诚实正派，又把秘不传人的《孙子兵法》13 篇细细地让他学习、领会，因此，孙膑此刻的才能更远远超过庞涓了。

此时，魏王听了一个非常了解孙膑的人讲述孙膑的才能后，便决定请孙膑出山。当孙膑见到使者后，还以为庞涓以魏王名义请他共创大业，很高兴两人的情谊并没有失去；但又顾恋自己的老师。鬼谷子先生见魏国使者很真诚热情、务必要请孙膑下山，也就劝孙膑："学本领固然不为谋个人富贵，但若有为国家百姓效力的可能，还是应施展自己才能的，你去吧！"

于是，孙膑秉承师命，随魏国使臣下了山。

孙膑到魏国，先去看望庞涓，并住在他府里。庞涓表面表示欢迎，但心里很是不安、不快，唯恐孙膑抢夺他独尊独霸的位置。又得知自己下山后，孙膑在先生教诲下，学问才能更高于从前，十分嫉妒。

第二天两人上朝。魏王对孙膑很敬重，他问庞涓："我想封孙膑先生为副军师，与卿同掌兵权，卿以为如何？"

庞涓最忌讳的就是这种情况，他暗自咬牙，表面上却表示同意。

此后，他对孙膑是越来越嫉妒，十分担心孙膑有朝一日会完全取代自己的位置，得到魏王的重任。于是，他想出了一个计策以使孙膑中计——利用孙膑是齐国人，有思乡之情，便派自己的心腹佯装送信人丁乙为孙膑送了一封其堂兄孙平的家书。孙膑信以为真，便回了一封信，以便让丁乙代为送回。

丁乙当即将回信交予庞涓，庞涓便模仿孙膑的笔迹在家书上涂改，于是这封家书变成了孙膑通敌叛国的证据。庞涓又将修改的家书交予魏王，并说了一些对孙膑不利的话。魏王大怒，决定惩戒孙膑。

于是，孙膑被判受刖刑及鲸面。

起初，孙膑并不知道是庞涓从中作梗，后来知道事实真相后便装疯卖傻。开始时，庞涓以为孙膑是装疯，直至经过多方试探，方才确认孙膑是真的疯了。这时，真正知道孙膑装疯避祸的只有一人，就是当初了解孙膑的才能与智谋，向魏王推荐孙膑的人，这个人就是赫赫有名的墨子墨翟。他将孙膑的境遇告诉了齐国大将田忌，又讲述了孙膑的才能。田忌把情况报告了齐威王，齐威王要他无论用什么方法，也要把孙膑救出来，为齐国效力。

于是，田忌费尽周折总算将孙膑安全救出。在齐国，孙膑得到齐王的赏识，被委以重任。

孙膑与庞涓在为不同的君主效力，总会有对决的时候。

因此，在一次也是仅有一次的对决中，庞涓尝到了害人终害己的恶果。

那就是马陵道之战。在此次作战中，孙膑采用添兵减灶之计，让庞涓误以为齐军厌战，已大半逃亡，从而将他围堵在马陵道上，将他杀得鬼哭狼嚎。无奈之下，庞涓只得拔出佩剑自杀身亡。

以害人始，以害己终。捣鬼有效，但毕竟有限，这就是“鬼哭狼嚎”留给我们的启示。

视角延伸

田忌赛马

齐国君臣间常以赛马赌输赢为戏。田忌因自己的马总不及齐王的马，经常赛输。有一次孙膑目睹了齐王与田忌的三场赛马之后，对田忌说：“君明日再与齐王赛马。可下大赌注，我保您赢。”

田忌一听，当即与齐王约定赛马，并一注千金。第二天，观众达千人。齐王的骏马耀武扬威，十分骠悍。田忌有些不安，问孙膑：“先生有什么办法，使我一定取胜呢？”

孙膑道：“齐国最好的马，自然都集中在齐王身边。我昨天看过，赛马共分三个等级，而每一级的马，都是您的比齐王稍逊一筹。若按等级比赛，您自然三场皆输。可我们可以这样安排：以您第三等的马与齐王一等的马比赛，必然大输。但接下来。以您一等马与齐王二等马、以您二等马与齐王三等马去比赛，就可保证胜利。因此从总结果看，二比一，您不就获胜了吗？”

田忌一拍额头：“我怎么就不会动脑筋呢？”于是他按孙膑的话去做，果然赢了齐王千金。

9 如泣如诉

娓娓道来 “如泣如诉”，如果单从字面上来看，可以理解为像是在哭泣，又像是在倾诉，给人一种充满忧伤的感觉。

“如泣如诉”出自唐宋八大散文家之一的北宋文学家苏轼《前赤壁赋》“其声呜呜然，如怨如慕，如泣如诉”。“如泣如诉”，很凄美、很悲切的一个关于声音的形容词，又有着经典的小典故。

北宋时期，苏东坡被贬到黄州当团练副使，十分空闲。于是，他潜心研读佛家、道家经典，经常放浪形骸于山水之间。

一天，他带着三位朋友，放舟来到赤壁之下。江面清风徐来，空中圆月朗照。大家边唱边聊，快乐非凡。苏东坡高兴得唱起歌来，其中一位朋友伴着歌声吹箫应和。

唱着唱着，那笛声便开始变

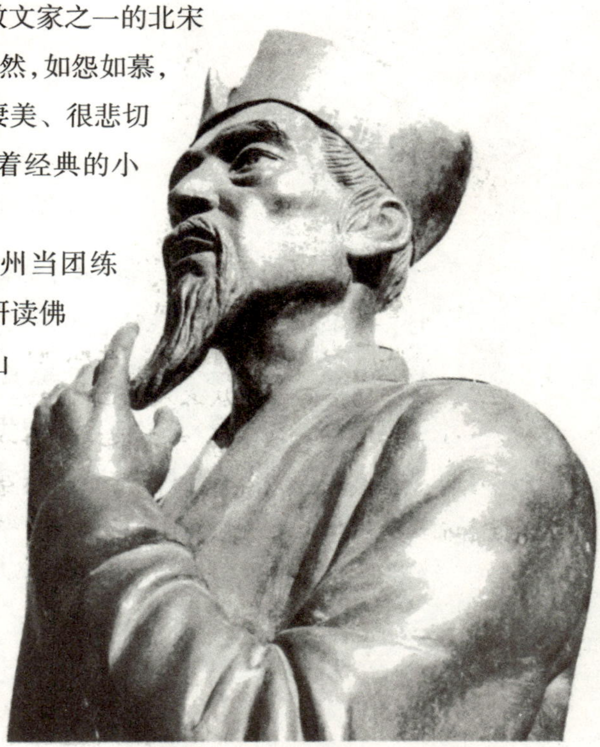

苏东坡雕像

赤壁风景

得呜呜呜的，如泣如诉。苏东坡觉得很奇怪，便问朋友："你为什么吹这么悲伤的曲子呢？"朋友说："赤壁正是曹操当年被周瑜围困的地方啊，如今曹操在哪呢？人生太短暂了！虽然想永生不死，但哪里能够啊！所以，我只能寄情于笛声中啊！"

可见，人的一生是很短暂的，因此同学们唯有把握好现在，将每一天都过得充实而有意义，而不至于虚度光阴。

视角延伸

前赤壁赋

宋神宗元丰五年（1082年）苏轼贬谪黄州（今湖北黄冈）时，曾作散文《前赤壁赋》。因为他后来还写过一篇同题的赋，故称此篇为《前赤壁赋》。此赋通过月夜泛舟、饮酒赋诗引出主客对话的描写，既从客人的口中说出了吊古伤今的情感，也从苏轼的所言中感觉到他矢志不移的情怀。全赋情韵深致、理意透辟，实是文赋之中的佳作。赋中语句"如怨、如慕、如泣、如诉"和"江上之清风、山间之明月"等，至今仍常被引用。

10 聚蚊成雷

娓娓道来

“聚蚊成雷”，单从字面上看，可以理解为：蚊子的声音虽然很小，但是当很多蚊子聚集在一起时，它们发出的声音则可以有雷声那么大。

“聚蚊成雷”出自东汉班固《汉书·中山靖王传》“夫众煦漂山，聚蚊成雷”，比喻说坏话的人多了，会使人受到很大的损害。另外，《南史·武陵王纪传》中曾有过对“聚蚊成雷”的描述——“聚蚊成雷，封狐千里”。

关于“聚蚊成雷”的小典故如下：

汉武帝刚继位时，朝中大臣对分封各地的诸侯王议论很多，认为诸侯的属地太大，力量太强，应一步步减少封地，削弱力量。同时，大臣们还常常在皇帝面前有意披露诸侯王的过失。而诸侯王认为自己是皇帝的骨肉至亲，现在无论有罪的、无罪的，都要受到地位低得多的臣子们的冒犯、侮辱，因此心中非常愤怒，也非常担忧。建元三年，代王刘登、长沙王刘发、中山靖王刘胜、济川王刘明到京城朝见天子。汉武帝摆酒奏乐，款待他们。中山靖王刘胜是汉武帝的哥哥，听到低幽的音乐时，情不自禁地流下泪来。汉武帝问其原因，刘胜哀伤地倾诉希望汉武帝不要听信谗言，因为聚蚊成雷会使流言影响兄弟之间的关系。

视角延伸

汉武帝与金屋藏娇

汉武帝幼时，长公主嫖抱他于膝上，问他："你要不要娶妻子？"汉武帝表示要娶妻子。于是，长公主便指着左右百多个宫女，问他中意不中意？汉武帝表示都不要。长公主最后指着自己的女儿对汉武帝说："将阿娇嫁给你为妻好不好？"汉武帝笑起来说："很好，如果能娶阿娇为妻，我一定用金屋给她居住。"自此便有了"金屋藏娇"一戏言。

汉武帝坐上皇位之后履行了自己的诺言，他真的为阿娇备下了一坐金碧辉煌的宫殿，并册封她为皇后。

11 靡靡之音

娓娓道来

“靡靡之音”通常指那些使人委靡不振的音乐，或形容那些低沉飘渺若有似无、气若游丝的声音。

“靡靡之音”出自《韩非子·十过》“此师延之所作，与纣为靡靡之乐也”，意指那些颓废淫荡、低级趣味的乐曲。另外，我国著名的文学家郭沫若在《孔墨的批判》中也曾有过对“靡靡之音”的应用——故尔所谓郑声淫的“淫”应该是过高的意思，决不是如像《毛毛雨》之类的那种所谓靡靡之音。

关于“靡靡之音”的典故如下：

公元前534年，卫国灵公应邀去参加晋国虒祁宫庆典。早上出发，晚上露宿濮上。夜半入睡时，朦胧之中忽闻琴鼓丝竹之音。他披衣俯窗，侧耳细听，只觉那声音时隐时现，微妙悦耳，于是便问身边随从有无听见，谁知那些人都说听不见。他便召来乐师涓。涓听后告诉灵公：“臣只能略辨一二，不过只需要听一晚上，臣便能将其谱出”。第二天的半夜，果然又出现了如前日般的丝竹之声。于是，涓援琴而习，尽得其中之绝妙。灵公听后，龙颜大开，便问涓其中的究竟。涓道：“先时，纣王命师延作靡靡之音，师延不肯，帝便说要杀他。师延无奈而谱曲。纣王本身就喜爱声色，于是便朝歌暮舞，通宵达旦，以致失天下。师延乘舟濮水而下，至此投水而死，这才有了神曲出水，震惊世人一说。”涓本想以此说服灵公禁声色，绝靡音，不要因此而使政散民流，诬上行私。灵公却视毒草为香花，砒霜为冰糖，不介其意，越听越迷。

至晋国后，灵公诸人见虒祁宫如此富丽堂皇，无不济济称道。待酒酣将醉时，灵公便唤涓道：“过濮水所获妙曲，速援琴以助雅兴。”涓不肯，后迫于灵公之威，不得不弹。未等弹完，琴师旷厉声制止道：“此为亡国之音，不可听。夜有鬼神之声，世间必有冤情。”灵公亦不听劝阻，还令歌妓伴乐起舞。自晋归来，灵公贪图享乐的私欲与日俱增，见自己的重华宫简直不能和晋国妃妾宫女所住的厢房相比，便又扩修重华宫，尽情享乐，殊不知已经踏上亡国的不归路。

视角延伸

武王伐纣

“武王伐纣”是指大约公元前1046年，周武王姬发在进军到距朝歌70里的牧野地方举行誓师大会，列数了商纣王的许多罪状，鼓动军队要和商纣王决战。也就在此时，商纣王才开始停止歌舞宴乐，和那些贵族大臣们商议对策。只不过，这时纣王的军队主力还在其他地区，一时也调不回来，只好将大批的奴隶和俘掳来的东南夷武装起来，凑了17万人开向牧野。可是这些纣王的军队刚与周军相遇时，就掉转矛头引导周军杀向纣王。结果，纣王大败，连夜逃回朝歌。眼见大势已去，只好登上鹿台放火自焚。

周武王完全占领商都以后，便宣告商朝的灭亡。

12 余音绕梁

娓娓道来

当听到一首美妙的音乐时，我们不由得便会想到用“余音绕梁”来形容那美妙的音符。可见，那音乐的魅力该有多大。音乐，可以让人喜，也可以让人忧；可以让人手舞足蹈，也可以让人垂涕哀哭。

“余音绕梁”出自《列子·汤问》“既去而余音绕梁，三日不绝”，其意指优美动听的音乐长久地在屋梁上回荡，使人感觉长时间没有停止。用以形容歌声优美，给人留下难忘的印象。另外，我国著名的散文家梁实秋在《听戏》中也曾有过对“余音绕梁”的应用——“受罪半天，能听到一段回肠荡气的唱儿，就很值得，‘余音绕梁，三日不绝’，确是真有那种感觉。”

“余音绕梁”不但可以形容那美妙的歌声，同时也有着美丽的小典故。

从前，韩国有位歌唱家名叫韩娥，要到位于东方的齐国去，没想到在半路上就断了钱粮。为了度过这一难关，她在经过齐国都城西边的雍门时，便用卖唱来换取食物。韩娥唱起歌来，情感是相当投入的，以至于在她离开了这个地方以后，她那美妙绝伦的余音还仿佛在城门的梁柱之间缭绕，竟至三日不绝于耳；凡是聆听过韩娥歌唱的人，都还沉浸在她所营造的艺术氛围之中，好像她并没有离开一样。

有一天，韩娥来到一家旅店投宿，店小二狗眼看人低，见她穷愁潦倒，便当众羞辱她。韩娥为此伤心至极，禁不住拖着长音痛哭不已。她那哭声弥漫开去，竟使得方圆一里之内的人们，无论男女老幼都为之动容，大家泪眼相向，愁眉不展，人人都难过得三天吃不下饭。后来，韩娥难以安身，便离开了这家旅店。人们发现之后，急急忙忙分头去追赶她，将她请回来，再为人们纵情高歌一曲。韩娥的热情演唱，又引得一里之内的人们个个欢呼雀跃，鼓掌助兴，大家忘情地沉浸在欢乐之中，将以往的许多人生悲苦都一扫而光。为了感谢韩娥给他们带来的欢乐，大家送给韩娥许多财物和礼品，使她满载而归。

可见，韩娥歌声的魔力是如此之大，由此也可以看出，音乐的力量有时真的是令人无法想象。

音乐可以让人快乐

视角延伸

历史上真的有韩娥吗

在元末之时，确实有个女孩叫韩娥。但是此韩娥非那个善唱的韩娥。而是一位花木兰般的女孩。

韩娥，阆中木兰（今南充阆中）人，生于1345年（元至正五年）。父韩成，祖父韩新泽曾任四川盐运司副使。3岁丧父，7岁亡母，从小寄养在成都东城度缘桥叔父韩立家。

12岁时，正值元末农民起义，在战乱年月里，叔父将她女扮男装，改名韩关保。是年起义军攻下成都，她参加了明玉珍部王起岩率领的红巾军，并拜王部将罗甲为义父。

至正二十三年（1363年），她随义父远征云南，后又到遂南驻防。她在军中举止谨慎，态度严肃，晚睡早起，衣不解带，说是以军务为重。她对罗甲十分恭顺，办事得力，很受罗甲喜爱，待如亲子，常常当众夸奖她精明能干，并亲自为她主办婚娶。她不敢不从，婚后异榻而眠，不敢暴露自己的秘密，"妻子"和"岳父母"皆指责其不义。

此后，韩娥随同王起岩到成都办事，到东城度缘桥得与叔父母相见，俩老已不认识她。韩娥指着头上的刀疤为证，叔父母这才认出她来。于是叔父母向义军首领讲出侄女女扮男装的真情。此事在军中传开，大家十分惊讶，称她为当代"花木兰"。不久，她再着女装恢复真名，并与在军中结识的新都人马复宗结婚。明洪武年间，王起岩任礼部郎中，解任返川到成都时，特地将韩娥之事告知蜀藩王，藩王曾召见韩娥。永乐七年（1409年），刘维德撰《韩娥传》，家乡阆中建木兰庙（在今木兰乡），其子在新都南关外赤岸山建木兰一寺，以纪念这位蜀中"花木兰"。

13 如雷贯耳

娓娓道来

若单从字面上看，便可知“如雷贯耳”是指声音响亮得像雷声般传进耳朵里，用以形容人的名声极大。

貂蝉画像

“如雷贯耳”出自元朝无名氏《冻苏秦》第一折：“久闻先生大名，如雷贯耳”。另外，明朝施耐庵《水浒全传》中也曾有过关于“如雷贯耳”的应用——“小可久闻员外大名，如雷贯耳”。

关于“如雷贯耳”的典故如下：

东汉时期，掌握重权的董卓利用实力把持朝政，图谋篡位。一时间，朝野之中人心惶惶。在董卓的鱼肉下，百姓更是苦不堪言。司徒王允心痛不已，整日忧于大汉的一片江山。

一日，王允又是眉头紧锁，一副忧心忡忡的样子。他的养女貂蝉见状便问王允究竟

吕布与貂蝉

何事，何以整日愁眉苦脸。王允本不想向貂蝉说明他忧虑的真正原因，但见貂蝉生得明媚动人，便心生一计：借用董卓身边的宠臣吕布之手来杀掉董卓。因为董卓生性喜欢猜疑，曾因小许失意而向吕布掷出手戟。而吕布此时又担心自己与董卓婢女有染之事被其发觉，心中十分不安。王允看准了这个时机，准备利用美人计来挑拨董卓与吕布之间的关系，进而鼓动吕布杀掉董卓。当然，这美人便是貂蝉。于是，王允便将自己的想法向貂蝉说明。貂蝉听完，并未过多犹豫便答应了王允，马不停蹄地开始实施他们的计划。

最初，王允先把貂蝉许给吕布，吕布见此美人，万分欣喜。随后，又将貂蝉献给董卓。吕布见貂蝉被董卓霸占后，心里十分气愤与无奈。此时，貂蝉又乘机表示吕布名声如雷贯耳，愿意跟他共度一生。吕布信以为真，心中更是恼恨董卓。于是，吕布便一步一步走向王允为他布置的陷阱，一举将董卓杀掉。因而，也就此演变出三十六计中的一计——美人计。

视角延伸

董卓之乱

中平六年（189 年）汉灵帝死，汉少帝刘辩继位，外戚何进辅政。大将军何进和司隶校尉袁绍合谋诛诸宦官，不顾朝臣反对私召凉州军阀董卓入京。后因谋泄，何进被宦官张让等所杀。袁绍、曹操带兵入宫，杀尽宦官，控制朝廷。随后董卓率军进入洛阳，并领何进所属部曲，又使吕布杀执金吾丁原，并吞其众。由此势力大盛，得以据兵擅政，废黜少帝。杀何太后，立陈留王刘协为汉献帝，卓迁太尉领前将军事，更封为郿侯，进位相国。又逼走袁绍等人，独揽军政大权。

董卓放纵士兵在洛阳城中大肆剽虏财物，淫掠妇女，称为“搜牢”。又虐刑滥罚，以致人心恐慌，内外官僚朝不保夕；与此同时，他又为党人恢复名誉，起用士大夫，企图笼络人心。

初平元年，冀州牧韩馥与袁绍、孙坚等人联合关东各州郡兴兵声讨董卓。黄巾余部也陆续起兵关东。董卓挟持献帝西都长安，临行把洛阳的金珠宝器、文物图书强行劫走，并焚烧宫庙、官府和居家，胁迫洛阳几百万居民一起西行，致使洛阳周围“二百里内无复孑遗”《后汉书·董卓传》），室屋荡尽，荒芜凋敝，无复人烟。

次年，董卓又授意朝廷封他为太师，地位在诸侯王之上，车服仪饰拟于天子。他还拔擢亲信，广树党羽，宗族内外，并居列位，子孙年虽幼小，男皆封侯，女为邑君。又筑坞于郿（今陕西眉县东渭水北），号“万岁坞”，积谷可供 30 年。

初平三年四月廿三日辛巳，董卓入朝时为司徒王允与董卓部将吕布合谋所杀。消息传开后，百姓歌舞于道，“市酒肉相庆”。董卓被陈尸街衢，其家族被夷灭。

初平三年六月，董卓部将李傕等人率西凉军余部攻入长安，赶走吕布，杀死王允，大肆报复，吏民死者万余人。195 年，李傕劫持献帝，郭汜扣留部分公卿大臣，互相争斗。

传奇五

多少楼台烟雨中——古今趣谈

1 凤求凰

《凤求凰》是一首古琴曲，是后人根据司马相如与卓文君两人之间的爱情故事所谱。他们之间的故事可谓婉转流长，其中自然也有着很多波折。

提起“凤求凰”，不由得让人想起司马相如与卓文君。“凤兮凤兮归故乡，遨游四海求其凰……”美丽的词，配上优美的曲调，演绎出一段动人的爱情故事，至今仍是人们茶余饭后的趣谈。

娓娓道来

司马相如是西汉有名的辞赋家、音乐家。司马相如早年家贫，并不得志。卓文君是汉代临邛（今之邛崃）大富豪卓王孙的掌上明珠。卓文君当时仅17岁，却“眉色远望如山，脸际常若芙蓉，皮肤柔滑如脂”，尤其她善琴，贯通棋、画，文采亦非凡。本来已许配给某一皇孙，不料那皇孙短命，未待成婚便匆匆辞世，所以当时文君算是在家守寡。

刻有凤求凰的巨石

卓王孙与王吉多有往来。时值年少孤贫的汉代大才子、辞赋家司马相如，从成都前来拜访时任临邛县令的同窗好友王吉。王县令在宴请相如时，亦请了卓王孙座陪。后来卓王孙为附庸风雅，巴结县令，请司马相如来家做客。席间，免不了要作赋奏乐。司马相如得知卓王孙之女文君美貌非凡，更兼文采，于是奏了一首《凤求凰》。卓文君也久慕司马相如之才，遂躲在帘后偷听，琴中之求偶之意她心领神会。两个人互相爱慕，但受到卓王孙的强烈阻挠，没办法，两人只好决定私奔。

当夜，卓文君收拾细软走出家门，与早已等在门外的司马相如会合，从而完成了两人生命中最辉煌的事件。卓文君也不愧是一个奇女子，与司马相如回成都之后，她面对家徒四壁的境地大大方方地回临邛老家开酒肆，自己当垆卖酒，终于使得要面子的父亲承认了他们的爱情。

不久，汉武帝下诏来召，相如与文君依依暂别。岁月如流，不觉过了5年。文君朝思暮想，盼望丈夫的家书。万没料到盼来的却是写着“一、二、三、四、五、六、七、八、九、十、百、千、万”13个数字的家书。文君反复看信，明白丈夫的意思。数字中无“亿”，表明已对她无“意”。还有一层意思：我们从头开始到现在，可环境变了，我们应该从现在回到起初的样子。文君5年苦苦等待，等到的却是一纸数字，知其心变，悲愤之中就用数字写了这样一封回信：

“一别之后，两地相思，说的是三四月，却谁知是五六年。七弦琴无心弹，八行书无可传，九连环从中折断。十里长亭望眼欲穿。百般怨，千般念，万般无奈把郎怨。

万语千言道不尽，百无聊赖十凭栏。重九登高看孤雁，八月中秋月圆人不圆。七月半烧香秉烛问苍天，六月伏天人人摇扇我心寒，五月榴花如火偏遇阵阵冷雨浇花端，

民间纪念文君的文君井

四月枇杷黄，我欲对镜心意乱；急匆匆，三月桃花随流水；飘零零，二月风筝线儿断。噫！郎呀郎，巴不得下一世你为女来我为男。”

司马相如对这首用数字连成的诗一连看了好几遍，越看越感到惭愧，越觉得对不起对自己一片痴情的妻子，终于用驷马高车，亲自回乡，把文君接往长安。

视角延伸

司马相如·凤求凰

凤兮凤兮归故乡，遨游四海求其凰。
时未遇兮无所将，何悟今兮升斯堂！
有艳淑女在闺房，室迩人遐毒我肠。
何缘交颈为鸳鸯，胡颉颃兮共翱翔！
凰兮凰兮从我栖，得托孳尾永为妃。
交情通意心和谐，中夜相从知者谁？
双翼俱起翻高飞，无感我思使余悲。

2 琴瑟和鸣

娓娓道来

“卖花担上，买得一枝春欲放。泪染轻匀，犹带彤霞晓露痕。怕郎猜道，奴面不如花面好。云鬓斜簪，徒要教郎比并看。”这是南宋词人李清照的《减字木兰花·卖花担上》。这首词清丽明快，无不彰显出李清照婚后生活的甜蜜，也演绎出他们夫妻二人琴瑟和鸣的古今趣谈。

“琴瑟和鸣”，一方面彰显出音乐的和谐，另一方面也比喻夫妇之间情笃和好。我国著名的女词人李清照与其丈夫赵明诚之间的故事则道出了“琴瑟和鸣”的精髓所在。

18岁那年，李清照嫁给了太学生赵明诚。赵明诚是位翩翩公子，读书极博，酷好书画，尤其擅长金石鉴赏。他的父亲官至宰相，也是官宦世家、书香门第。二人门当户对，意趣相投，时常诗词唱和，共同研究金石书画，有着说不尽的喜悦。

结婚时，赵明诚21岁，在太学读书，尚无俸禄。夫妇二人节衣缩食，经常典当质衣，到大相国寺搜罗金石书画。当时，大相国寺是京城最为繁华和热闹的所在，寺内可容万人贸易，有专门出售书籍、字画和古玩的地方。一旦发现难得的古物却囊中羞涩，赵明诚会毫不犹豫地脱下衣服作抵押。回到家中，夫妻二人灯前对坐，说说笑笑，摩挲展观，充满浪漫与温馨。

闲暇之时，他们会赏花赋诗，倾心而谈，有时还会玩些智力游戏。他们斟上香茶，随意说出某个典故，猜它出自哪本书的第几卷、第几页、第几行。猜中者饮茶，不中者不得饮。每次比赛，李清照总是赢。当赵明诚抽书查证时，李清照已满怀自信地举杯在手，开怀大笑，笑得茶水溅出了杯子。在那段日子里，他们相互鼓励，乐在其中。

相传还有这样一个趣谈：中秋佳节，赵明诚的好友陆德夫等人来访。陆德夫向李清照施过礼后，转身笑问赵明诚："赵兄，近日又有几首佳作，能否拿出与大家共享？"赵明诚将夹有李清照填好词的十几篇近作递给好友们，大家传换阅读，吟咏品味。忽然，只听陆德夫拍案叫道："好一首《醉花阴》，真可谓千古绝唱。"众人也都齐声叫好，纷纷评论说："《醉花阴》果然是上乘之作，特别是'莫道不消魂，帘卷西风，人比黄花瘦'三句更是绝妙之极。"赵明诚又是高兴，又是惭愧，只好承认这一阙实为夫人所作，并当着众人的面拜夫人为师。

在爱情的感召下，李清照文思泉涌，一首首佳作纷至沓来，她的诗词创作进入成熟期，并形成了情景相生，形神俱似，体物超妙，绝尘去俗的独特风格。就这样，他们在互相激励与学习的日子里，共同度过了一段美好的时光。

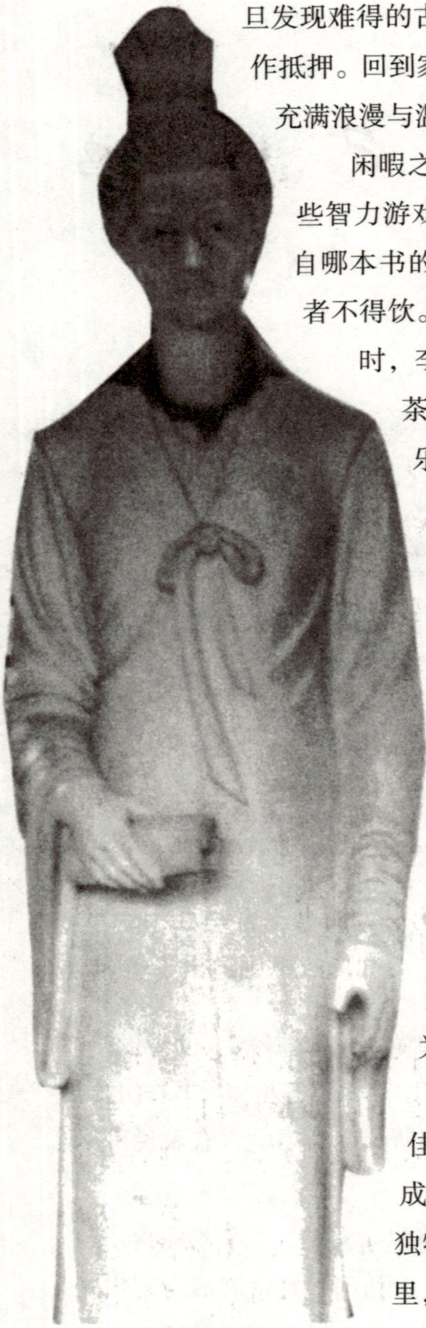

李清照塑像

视角延伸

黄钟大吕

“黄钟大吕”与“琴瑟和鸣”一样，同样也表示音乐的和谐。其中黄钟是我国古代音韵十二律中六种阳律的第一律，大吕则是六种音律中的第一律。

另外，“黄钟”在我国的古代不仅仅是乐律，古人还按照乐律的音频为“黄钟”乐器的长度来确定尺的长度，所以古尺又称乐尺、律尺、黄钟尺。最初的尺是指男人伸展的拇指和中指之间的距离，大约是 20 厘米，所以周代的一尺相当于现在的 19.91 厘米。

3 寒山寺的钟声

娓娓道来

提到寒山寺，令人想起了那脍炙人口的诗句：“姑苏城外寒山寺，夜半钟声到客船”。正是唐朝诗人张继的这首《枫桥夜泊》，才让寒山寺得以名扬天下，而那其中的钟声又诉说着古老的传说。

江南古城苏州的城西，有座千年古刹——寒山寺。据悉，寒山寺始建于梁天监年间。初名“妙利普明塔院”。相传，唐贞观年间高僧寒山、拾得曾在此住持，所以更名寒山寺。

寒山寺可谓屡建屡毁。清咸丰十年，全寺再次毁于战火，现存建筑均为清末重建，有大殿、藏经楼、钟楼、枫江楼、碑廊等建筑。新中国成立后，经两次全面修整，现已是旧貌换新颜：黄墙绿树，庄严幽深，引人入胜。

苏州

时光倒回至大唐，大诗人张继途径寒山寺，便作出《枫桥夜泊》一诗：“月落乌啼霜满天，江枫渔火对愁眠。姑苏城外寒山寺，夜半钟声到客船。”从此，便是诗韵钟声，脍炙人口，寒山寺不觉已名洒大江南北。

因为那寺院历经沧桑，诗人诗中所咏古钟早已失传，据悉于明嘉靖年间所铸寺钟已流入日本。清光绪三十一年(1905年)寒山寺重修时，日本人士募铸仿唐式青铜乳头钟送归，现悬于大殿右侧。

寒山寺

《枫桥夜泊》这首诗不仅为我国人民所熟悉，在日本民间也广泛流传。据悉，许多日本人将在除夕之夜聆听寒山寺的钟声，视为梦寐以求之事。因为日本民间曾流传着这样一个说法——除夕之夜敲钟108下，就能尽除那人世间的烦恼，迎来锦绣前程。如，1980年自12月下旬开始，便有500多名日本朋友陆陆续续来到苏州，等候聆听那除夕的钟声。除夕晚10时整，日本朋友一批批来到寒山寺，午夜11时40分，寒山寺的法师便走上钟楼，敲响了新年的钟声。当钟声响到第108下之时，正是元旦零点整。霎时间，日本朋友欢呼雀跃，高兴至极。

古钟

而如今，来寒山寺聆听钟声的人越来越多，其中不仅有日本朋友，也有来自马来西亚、新加坡、泰国等国际友人，甚至还有来自美国、英国、澳大利亚和欧洲许多遥远国度的朋友。

世界上有这么多人来听钟声，全中国有这么多人来听钟声，说明这里的钟声之美与悠扬，并非仅仅是“夜半钟声到客船”的那种美，而是因为它悠悠音韵中透露出的那种魅力，那种将一个普通人推向新的精神境界的魅力，那种魅力不是别的，是一种和谐，一种天与地的和谐，一种人与物的和谐，一种人与人之间的和谐。

听，寒山寺的钟声又一次在午夜响起来了。此时此刻，这钟声是来自寒山寺，也是来自许许多多人的心灵深处。这钟声是如此和谐，如此优美。

视角延伸

寒山寺的钟声所蕴含的物理现象

《枫桥夜泊》这首诗除了描写深秋时节苏州城外的景色与旅客的心情外，还道出了一个有趣的物理现象。

枫桥与寒山寺相隔几里远，到了深夜却能清晰地听到它的钟声。那么，是因为夜深人静的缘故吗？这只是其中的一小部分，真正的原因还需从空气里找。

我们知道，大气的底部是对流层。对流层中空气的温度随着高度的升高而递减。通常，对流层的厚度有10多千米。再往上就是平流层。在平流层的底部一直到离地面50千米左右的地方，形成了一个温度随高度递增的区域，我们将其称为逆温层。当升到50千米以上时，气温再次下降，在80千米处取得第二个极小值，然后又继续上升，这便是第二个逆温层。

由于声音在空气中传播的速度随温度的上升而增大，因此在对流层中，由于温度随高度的升高而递降，所以声音的传播路线向上曲折，从而使大量声波能量散失在空中。因此，在距离声源稍远的地面就听不到声音，而此处就被称为静区。不过，往上传播的声音到达对流层的顶部和平流层的底部时，由于此处存在着逆温层，于是声波的上部比下部传播得快，所以声波向下曲折。因此，声波又被反射回到地面，于是在距离声源更远的地面上又能听到声音，此处便是响区。又由于地面的强烈反射，上述的过程又能重复，而这正是静区与响区相间的原因。“夜半钟声到客船”正属于此种情况。

4 永乐大钟

娓娓道来

永乐大钟，我国现存最大的青铜钟。那么，在它庞大的身躯之上又背负着什么样的秘密，记载着什么样的趣谈呢？

北京的大钟寺，因藏有明永乐年间铸造的大钟，才享有其名。

1398年，明朝建文帝朱允炆以“削藩”为名围剿燕王朱棣府邸，朱棣遂乘机起事，经3年鏖战，攻入南京，建文帝不知所踪。朱棣株连屠戮数万众，登基后迁都北京，是为明成祖，1403年改年号为永乐。朱棣笃信佛教，因为他杀戮太多，又摄于来世报应，所以他想通过铸佛钟来超度那些死去将士的亡灵。因此，永乐大钟上的铭文就出奇地多。而担当此重任的便是道衍和尚。

今天北京城北仍然保留着“铸钟胡同”这样一个地名。闹中取静的街道两旁住满了人家，明清遗迹依稀可辨。狭窄的胡同、古老的房舍印证了时代的变迁。然而，就是这么一个幽静的去处，580多年前却上演了一个传奇的故事。

距今580多年前，明永乐年间，这里民居稀少，地势开阔。一天，一位年逾古稀的老者来到这里，踏着杂草与荆棘，老人家显得心事重重。几个月前明成祖朱棣降旨要铸一口两层楼高的大钟，而且还要铸上23万字的佛经铭文！不要说这样大的一口钟自先古铸钟以来从来就不曾有人铸过，单就是这

23 万字的佛经，抄起也不是一件容易的事情，更何况铸在大钟之上呢！想到这里，老人家不由得长叹一声……

这位心事重重的老人不是别人，正是辅佐明成祖朱棣登上皇位的头号功臣道衍和尚。接旨后的道衍，深感责任重大，他立即开始广招天下能工巧匠，商议如何铸造这口举世无双的大钟。工匠们建议，采用地坑陶范法铸造。首先在地上挖出深坑，制作钟模。然后，几十座铜炉的铜水一起浇铸，必须保证大钟一次铸成，这样铸好的大钟才能发出声来。

钟是铸好了，但却不是今天大钟寺里的永乐大钟，这是怎么一回事呢？原来永乐皇帝降旨要铸的钟，不仅上面要有 23 万字的经文，更重要的是形体巨大，是历史上从来没有过的，要铸成这样巨大的钟谁也没有把握，于是道衍和尚让人先铸了这口没有经文的大钟作为试验。

这口大钟的试铸成功给道衍和尚增强了信心，接下来他要考虑的是怎么铸上 23 万字的经文。铸造经文的关键是如何编排和抄写经文。这些经文中有皇上亲自撰写的《诸佛名经》，让谁来抄写，道衍不敢擅自做主。他上报朝廷，请皇上亲选抄经之人。而据传，在钟身四外铸满的 17 佛教经咒，总计 227000 多字，皆为明朝著名书法家沈度所书。

永乐大钟的钟声通高 6.75 米，钟唇厚 22 厘米，最大外径为 3.3 米，重达 46.5 吨，是我国古代最大的钟。如此庞大之钟，含有“歌功颂德，南面定鼎”之意。

永乐大钟悠扬悦耳，它的声学特性，堪称世界十大钟之最。一位外国铸造专家曾经说过：“永乐大钟的铸造成功，是世界铸造史上的奇迹，就是科学发达的今天，也难以实现。”

永乐大钟

视角延伸

世界上最重的钟

世界各国的古钟若是按重量排列，永乐大钟也只能位居第三位。第一大钟为俄国1735年11月25日在莫斯科铸成，重216吨，直径为5.91米，高5.87米，钟壁最厚处为61厘米。但是这口大钟在敲第一下时，就被震裂成为一口哑钟，被称为“世界上一声没响过的大钟”，并于1737年毁于一场大火。自1836年4月4日以来，这座大钟一直安放在克里姆林宫的一个平台上。

目前仍在使用的最重的钟是缅甸曼德勒的“明空”大钟，位居世界第二。它的重量为101.4吨，钟顶端的直径为5.87米。

我国的永乐大钟虽然处于第三位，但它的铸造时间却要早于这两口钟三四百年。而且500多年来，尽管人们在不断敲击，至今仍完好无损。

5 曹绍夔除妖

娓娓道来

看过《西游记》的同学都知道，其中的齐天大圣孙悟空英勇善战，是降妖除魔的好手。那些妖怪或美，或丑，都真实地存在着。不过，在唐朝开元年间，那白马寺中所出现的“妖”，却是无影也无形。那么，那究竟是什么样的“妖”呢？

唐朝开元年间，洛阳的一座寺院发生了一件怪事：寺里有一个磬，即便没有人敲打它，它也常常会自己“嗡嗡嗡”地响起来，把寺院里的和尚都吓坏了。

那个磬样子像个瓦钵，放在老和尚房里。老和尚每天早晚烧香念经，都要用椿锤敲磬。

磬就发出“当！当……”的清脆的响声。可是不知怎么搞的，有时候，老和尚并没有敲它，它也无缘无故地自己响起来了。寺里的和尚以为出了什么妖魔，请了许多会法术的人来降妖伏魔，都没有结果。那个老和尚又疑神疑鬼，结果吓得生了病。

老和尚有个朋友叫曹绍夔。他听说老和尚病得很厉害，就到寺院里去探望他，问他得病的原因。老和尚就把磬自己发出响声的怪事一五一十地告诉了他。曹绍夔很懂音乐，会修理各种乐器。他一面听，一面在心里琢磨。他想：这个磬自己发出响声，决不是什么妖魔作怪，总会有什么原因。正巧吃饭的时候到了，小和尚到钟楼里撞起大钟，老和尚房里的磬又响起来了。曹绍夔心里完全明白了，他笑着对老和尚说："你明天好好请我吃一顿饭，我来给你除怪。"老和尚不相信曹绍夔真能除怪，但是看他说得那么肯定，也许有一线希望，就真的办了一桌很丰盛的饭菜，把曹绍夔请了来。曹绍夔吃过饭，从怀里取出一把锉，在磬上这儿锉几下，那儿锉几下，锉了几处，他对老和尚说："你放心吧，磬再也不会自己响了。"

打这以后，磬真就不再自己响了。老和尚问曹绍夔："为什么那个磬被你锉了几下，以后就不再自己响了呢？"曹绍夔回答说："这个磬的律跟你们钟楼里那口大钟的律正好相同。因此只要饭堂里的大钟一响，这个磬就跟着响起来。我用锉把磬锉了几下，它们的律就不相同了。所以撞那口大钟的时候，这个磬就不再跟着响了。"老和尚听了这番话，消除了心中的疑惑，病也就好了。

曹绍夔所说的"律"，是现在我们所说的乐器的"频率"。老和尚房里的磬和饭堂里的大钟，频率恰巧相同。小和尚一敲大钟，大钟振动起来，发出一定频率的声波。声波通过空气，传到老和尚房里的磬上，磬的频率因为和声波的频率相同，就跟着振动起来，发出了响声，产生了共鸣。曹绍夔把磬锉了几下，就改变了磬的频率。磬的频率和大钟不相同了，就不会再跟大钟发生共鸣了。

视角延伸

声音共鸣在乐器方面的应用

管乐器利用管腔内空气柱的共振而发出声音。如果管腔的体积足够大，则其所发出的声音会相当洪亮；弦乐器则利用琴弦的振动而发音。如果没有安装音箱，单凭弦的振动，那么所能拨动的空气量很少，发出的声音将会非常微弱。

6 “喊泉”是什么

娓娓道来

施秉县城东阳舞阳河的江凯河支流上有奇特的“喊泉”。游人到此，只要喊声“讨口茶喝”，泉水便汩汩涌出，让你享受山泉的甘甜，当喊声“谢谢”，泉水便应声而止。喊泉位于灵官崖下的小石窟内。内侧为石壁，外侧为沙池。人们发现呼喊的音量大而长时，泉水涌出量则多；音量小而短时，泉水涌出量则少。因此，“喊泉”被蒙上了一层神秘的面纱，人们总想将其揭开，以一睹它的庐山真面目。

我国的山泉，有的以水量大、水质好闻名于世，有的则因某些奇异现象，成为“怪泉”。“喊泉”可称得上是怪泉之最了。千百年来，这些“怪泉”被人们在传说中赋予了神秘而奇异的色彩。那些传说，美丽而凄美。

古时候，苗族某青年以砍柴谋生。他每经此地，总见一少女在河边浣纱。一日，那青年砍柴归来，忽见少女跌落水中，青年不顾急流，跳入水中，将少女救起。少女为了报答青年，便以身相许。那青年却因家贫而婉言谢绝。少女只得如实相告：“大哥，我乃龙女，家在近处石门内，日后大哥打柴路过，喊一声，我好端杯茶给大哥解渴，以谢救命之恩。”话毕，少女便不见了。青年急找至石窟处，

山泉

连声呼喊“龙姑娘”，果见石窟处的泉水应声汩汩而出。从此，这一带便留下“清清白白吹柴哥，点点滴滴龙女情”的古老传说。

石灰岩间的流水

事实上，这是一种地下水的毛细现象。这类泉大多分布于石灰岩、白云岩地区的岩溶间、地下河与岩溶潭星罗棋布的地带。

所谓“喊泉”，就是它的涌水量大小与声音发生了密切的关系，甚至听从人们喊声的指挥。广西兴安县曾发现了一处“喊泉”。它生长在一条水平岩溶裂带，共有四处出水口。其中一、二泉口平时是涓涓细流，三、四泉口则长期干涸。不过一旦听闻人声，那碗口粗的水柱便会从四个泉口喷吐而出。几小时后，泉口却像一只张口吸气的巨鲸那样，把吐出来的水又吸了回去。于是，泉口又呈现了干涸状态。事实上，闻声涌水的山泉，古已有之，而且并非只有一个地方才有，形式也各种各样。如安徽寿县的“咄泉”、贵州贵阳的“神应泉”、平坝的“喜客泉”等。

“喊泉”的内部结构十分复杂，很像一只大的“铝水壶”。它有着宽大而深广的“壶身”，有着拐弯形似虹吸管的“壶嘴”，“壶盖”上又有通往表土层的供水路小裂缝，“壶身”上部有贯通地下水的小管道，接受着补给水。而我们的喊叫能使“喊泉”涌出水来，则完全是由于“喊泉”岩洞的特殊地质结构以及因受声音、水生动物活动的诱发而造成的。因此，当我们在“喊泉”前叫喊时，声波便会传入岩洞内的储水池，就会产生一系列如共鸣、

泉水

喊声越大，泉水越大的喊泉

回声、声压等的物理学作用，或使洞内的生物闻声受到惊吓，激起水波，从而使处于临界状态的储水池水面受到压力，引起虹吸作用，就如同唧筒抽水那样，气从这边的管子往下压，水从那边的管子里往上冒，压力越大，冒出的水也就越多，从而导致泉水喷涌而出。

可见，怪泉本不怪，完全符合科学道理。

视角延伸

三大泉

我国著称于世的名泉有100多处，其中被历代公认为名列前茅的是中冷泉、惠山泉、观音泉。

（1）中冷泉

中冷泉也叫中濡泉、南泠泉，在江苏省镇江金山之西、石弹山下，号称“天下第一泉”。唐朝陆羽品评天下泉水时，中冷泉名列全国第七。泉南有亭，泉北有楼，泉四周围以石栏，清朝书法家王仁堪写了“天下第一泉”刻在石栏上。中冷泉是金山名胜之一。

（2）惠山泉

惠山泉又称“天下第二泉”，在江苏省无锡市惠山山麓。相传经唐朝陆羽品题而得名，开凿于唐大历元年至十二年（766 ~ 777 年）。

（3）观音泉

观音泉也称“天下第三泉”，在江苏省苏州市虎丘，是虎丘胜景之一。

7 天坛的三声传奇

娓娓道来

天坛，位于北京市正南部，是我国现存的最大的一座坛庙。天坛的著名之处在于它的回音壁与三音石。

天坛始建于公元1420年，原为明、清两代封建帝王“祭天祈谷”的地方。天坛具有高超的建筑艺术，布局精美、色彩调和，从设计、施工直至竣工，共用了14年的时间，占地约4000亩，比故宫的面积大2倍，相当于我国一个中等县城的规模。

天坛的主要建筑有祈年殿、皇穹宇、圜丘坛。其中祈年殿建于明永乐十八年（1420年），初名“大祀殿”，是一个矩形大殿。祈年殿高38.2米，直径24.2米，里面分别寓意四季、十二月、十二时辰以及周天星宿，是古代明堂式建筑仅存的一列，也是天坛的主要建筑。整个大殿没有大梁、长檩、钢筋、水泥、铁钉等，全部用28根巨形木柱和枋、税、桷、闩等互相衔接而成，这在世界建筑史上是很少见的。因此，祈年殿又

天坛

天坛祈年殿

称为无梁殿。

皇穹宇虽然比祈年殿要小，但却极为精巧。其顶盖像一把张开的蓝色大伞，它是存奉“皇天上帝”牌位的地方。皇穹宇外面，有一座围墙，是用圆形磨砖对缝砌成的，这就是著名的回音壁。皇穹宇石阶前的石板上，又有着著名的“三音石”，它与回音壁同为人们津津乐道。

圜丘坛是一座三层白石圆坛，包有外方里圆的双重围墙，它是祭天的地方。坛面、台阶、栏杆所用的石块、栏板的数目和尺寸均按一、三、五、七、九和它们的倍数而定。

回音壁

皇穹宇

天坛不仅具有宏伟而庄严的风格，并且还有着奇妙的声学景观——回音壁、三音石、圜丘。

（1）回音壁

回音壁是一个圆形的围墙，高约 6 米，半径为 32.5 米。靠北边的围墙有一个圆形的建筑物，叫做“皇穹宇”，是皇帝祭祀的地方，离围墙 2.5 米。另外，还有两个方形建筑物。整个围墙都很光滑，是一个很好的声音反射体。

打个比方来说：如果有人在围墙的某处

假设为A处说话，站在离A处45米的B处的人可以听得非常清楚，就如同说话的人在身边一样；同样在B处说话，在A处也能听得非常清楚。

一般来说，低声耳语隔开6米的距离便听不见了，而在回音壁的A处和B处相隔45米左右，却能听得很清楚，这是为什么呢？

事实上，声音不是直接从A处传到B处的，而是直接从A处发出的声音，沿着围墙经过多点反射后到达B处的。由于声音在围墙上被不断反射，所以它传播的路线便形成圆的内接多边形。就像打子弹一样，让子弹沿着墙壁辗转碰撞，由于碰撞时能量的损失很少，最后子弹还保持着与原来差不多的能量。通常，声音在空气中传播时减弱得很快，但这样在回音壁的多次反射中，声音相对减弱较慢，到B处时还是和原声差不多，可以听得很清楚，虽然它已经传播了100米以上的路程。

（2）三音石

三音石是位于围墙中心位置的一块石头。从皇穹宇的台阶走向围墙的大门，有一条白石铺的路，从台阶开始数起的第三块石头便是那三音石。如果站在这块石头上仅鼓一下掌，便可以连续听到“啪、啪、啪”三个声响。倘若掌鼓得再响些，那么听到的就不仅仅是三个声响，而可能是五六个声响。那是因为在三音石上鼓掌时，声音传播到围墙上的各部分，反射后都经过围墙的中心，所以在中心处听起来回声也特别响些。而反射的回声，当经过中心后，又继续沿着圆的半径传播，碰到了对面的围墙，又依然沿着半径反射回来。这时，我们听到的便是第二次的回声。声音接着往返于围墙间，我们便又听到了第三次回声、第四次回声……

（3）圜丘

圜丘是一个由青石筑成的圆形平台，底层占地很大。在东西南北方向上各有一个台阶，最高层的平台离地面有5米高，半径是11.4米，除东西南北的出入口外，周围都有石栏杆。

圜丘台栏杆

圜丘

事实上，平台的面并不是真正的平面，它的中心略高，四周靠石栏杆处又要低些。如果有人站在台的中央鼓掌，那么他自己听到的掌声就非常响亮，甚至会震得耳朵难受。若两个人在圜丘上交谈，则都会觉得对方讲话的声音要比平时响亮得多。那么，这是为什么呢？那是因为从台中心发出的声音，碰到了石栏杆，一部分声音反射到栏杆附近的台面上，再由台面反射到台中心。因为时间很短，回声和原声混合在一起，耳朵不能分辨，就觉得声音比平时要响得多。另一部分声音则沿着相反的路线由台中心传播到栏杆附近的台面，再反射到栏杆上去，同时由栏杆反射到台中心，于是，声音便加强了。

视角延伸

我国其他的具有回音效果的建筑

除天坛外，我国其他具有回音效果的建筑主要有如下几个：

（1）回音塔

山西省蒲州有一座著名的普救寺，寺中有一座回音塔。这座回音塔非常有趣，当人们在塔前面的空地上投石头时，在塔座处能听见石头落地的声音；若在塔后面的空地上投石头，则在塔顶处能听见石头落地的声音。

（2）蛤蟆塔

河南省有座蛤蟆塔，只要用手掌用力叩击塔身，塔里便会立刻发出“咯、咯、咯”的声音，那回音犹如蛙鸣。

（3）石琴

四川潼南县大佛寺的“石琴”，它的“石磴琴声”更为奇特。当人们从佛像阁右侧上石级时，脚步一旦触处，阁内即响起琤琤琮琮的回音声，仿佛发自那阁中石琴，声如古筝，绝妙至极。

8 回音长廊的秘密

娓娓道来

伦敦圣保罗大教堂圆屋顶中，有一条神秘的回音长廊。在这条大长廊中，对于耳语有一种奇怪的可闻度。如果你的一位朋友在这条长廊周围的某处对着墙低语，沿着长廊，不管你站在哪里，你总是能听见他的低语声。而且，他越是面对着墙、越是接近墙，你就会越清楚地听到他的低语声。那么，这是什么原因呢？难道这条长廊真的有魔力？答案自然是否定的。

事实上，瑞利是最先阐明伦敦圣保罗大教堂圆屋顶中神秘的回音长廊本质的人。为了查明神秘长廊的真相，瑞利做了一个很大的长廊模型。他把一个哨子放在模型长廊的一个位置上，当哨子发出的声波冲击蜡烛的火焰时，火焰便会左右摇曳，从而成为哨子声的检测器。后来，他又在模型处安置了一块狭屏，火焰便不再摇曳。所以，我们可以肯定狭屏必定以某种方式阻挡了声波的传送。

圣保罗大教堂

那么，为什么会有这样的结果呢？

教堂的圆屋顶

原来，由于圆屋顶的壁不断地反射声波，因而声波在围绕墙壁周边的一个窄长的带形区域内被增强了。如果听到的人就站在这个带形区域内,那么他就可以听到低语声。但是若进一步远离墙壁时，增强的效果就会减弱,低语声便听不见了。低语声的效果之所以比较好，是由于它与正常的讲话声相比含有更多的高频音，而频率越高，可以听到声音的带形区域就越宽。

西西里有座吉尔真提大教堂，教堂的内部呈椭圆体。而我们知道，椭圆体有两个焦点，倘若在一个焦点上发出声音，在另一个焦点上听到的就和原来的声音一样响。

古代的西西里岛上有一个叫塞厄勒丘斯的地方，一个暴君在那里建了一所监狱。这所监狱的狱室呈钟形，地下还有一些弯曲的通道通到皇宫。于是，暴君只要将耳朵凑近这些管道，就能听到犯人的谈话甚至耳语。后来，后人

西西里岛

将这样的窃听系统统称为“代厄尼西斯的耳朵”。而代厄尼西斯是古希腊神话中宙斯的儿子——狂躁之神。

之所以会出现上述现象，皆是因为：在一个椭圆形房间里，在一个焦点上发出的声音会像光线那样在另一个焦点上聚焦。这就使得第二个焦点上能听到第一个焦点上的谈话。

视角延伸

瑞利其人

瑞利原名约翰·威廉·斯特拉特，尊称瑞利男爵三世，1842 年 11 月 12 日出生于英国埃塞克斯郡莫尔登（Malden）的朗弗德林园。他的父亲是第二世男爵约翰·詹姆斯·斯特拉特，母亲叫克拉腊·伊丽莎白·拉图哲，是理查德·维卡斯海军上校的小女儿。瑞利以严谨、广博、精深著称，并善于用简单的设备做实验而能获得十分精确的数据。他是在 19 世纪末年达到经典物理学巅峰的少数学者之一，在众多科学领域中都有成果，其中尤以光学中的瑞利散射和瑞利判据、物性学中的气体密度测量几方面影响最为深远。

9 最早的听诊与叩诊

娓娓道来

听诊器是临床医生诊断疾病不可缺少的得力助手，也是进行物理检查的重要工具之一；叩诊，是现代临床医学常用的一种物理诊断方法。那么，最早的听诊与叩诊又是什么样的状况，是否与现在一样呢？

（1）听诊器

公元前3世纪，希腊医学家希波克拉底曾述及单纯用耳朵听诊，可听到胸膜炎时的胸膜摩擦的声音。

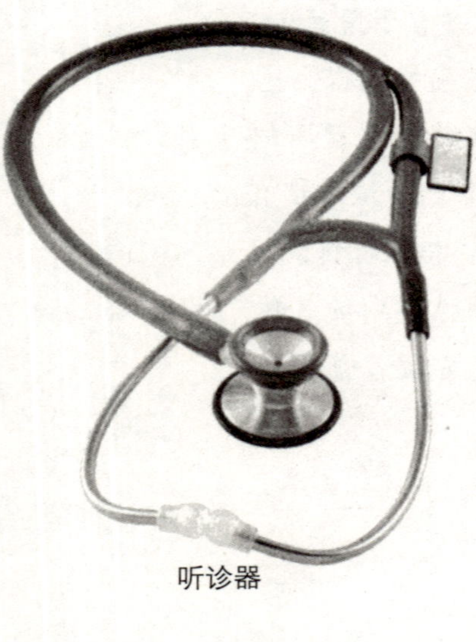

听诊器

1816年，法国医生兰尼克在为一位年轻女病人检查身体时，最初怀疑她患有心脏病，但因为性别与年龄的关系，不允许他直接将耳朵贴在胸部进行听诊。这时，兰尼克忽然灵光一闪，想起儿童们在做游戏时的情景：一个儿童用针尖划木头的一端，其他儿童则用耳朵贴在木头的另一端，这样就可以清清楚楚地听到刮划的声音。于是，他受到了启发，将纸卷成一个圆筒，将一头放在这个女病人的胸部，另一头接在自己的耳朵上，果然听到了心音。

后来，兰尼克继续进行思考并通过大量实

验后，终于设计并制造了世界上第一个木质的听诊器。这个听诊器呈直管状，为空心，长 30 厘米，圆筒直径为 3 厘米，管腔直径为 5 毫米。圆筒的中部可以分开为两节，以便于携带。当时，兰尼克将这种听筒称为“探胸器。”不过，由于这种直管状的听筒外观颇像笛子，所以人们又将其称为“医者之笛”。直到现在，这种类似最初直管状的木质听诊器，在产科还是很受欢迎的，因为用它来倾听胎音，具有一定的优越性。

经过 100 多年来的临床应用，听诊器的式样经过了多次改进，从单耳改成了双耳，从硬管改成了软管，一直发展到现在的听诊器。

（2）叩诊

叩诊是现代临床医学常用的一种物理诊断方法。医生通过用手指叩击人体的一定部位，根据各部位的质地、密度以及其内部器官中因气体和液体的含量不同，所产生的各种不同声音，来判断各器官的生理或病理状态。由于这种方法简便易行，即使在医学科学日趋发达的今天，仍然被世界各国的医生广泛应用。

叩诊是在 18 世纪中叶发明的。那是一位名叫奥恩布鲁盖的维也纳医生在进行尸体解剖时，发现有些死者的胸腔内充满着液体。而这种现象引起了他的深思：为什么胸腔积液在死者生前没能被发现呢？怎样才能发现呢？

一天，他忽然想起他那经营酒业的父亲，经常用手指敲打酒桶，根据其发出的或清或浊的声音来估计桶内酒量的多少。那么，人体的胸腔是不是也可以通过用手指来叩击，听它发出的声音来估计胸腔内有无积液呢？后来，经过不断地摸索，奥恩布鲁盖终于发明了最早的叩诊方法——用四个手指头直接叩击人体胸部，并对胸部疾病与叩击音的变化关系做了 7 年多较深入的研究，于 1761 年在维也纳发表

酒桶

了题为《用叩诊人体胸部发现胸腔内部疾病的新方法》的论文。

不过，奥恩布鲁盖的发明在当时并未能引起人们的注意，相反还遭到了某些名医的冷嘲热讽，甚至还一度被指责为“疯子”。

19世纪初，由于有了法国医生高尔维沙尔的推荐和法国临诊病院的应用，叩诊才逐渐被人们重视。1818年，在上述直接叩诊的基础上，医学界又创制了叩诊板与诊锤，于是，间接叩诊法便应运而生。

1838年，维也纳著名医生斯科达对叩诊进行了更为深入的研究，并应用声学原理阐述了出现不同叩击声音的原因，为叩诊找到了理论依据。

此后，医学界又对上述两种叩诊方法做了改进，医生们用自己左手中指的背部作为叩诊板，用右手中指进行叩诊。而这种方法被一直沿用到了今天。

视角延伸

什么是叩诊音

叩诊音是指在叩诊时被叩击部位产生的反响。通常，叩诊音的不同取决于被叩击部位组织或器官的致密度、弹性、含气量及与体表的间距。叩诊音根据音响的频率（高音者调高，低音者调低）、振幅（大者音响强，小者音响弱）和是否乐音（音律和谐）的不同，在临床上分为清音、浊音、鼓音、实音、过清音5种。

10 鲸"集体自杀"之谜

娓娓道来

鲸是生活在海洋中的哺乳动物，是世界上存在的哺乳动物中体形最大的，但并不属于鱼类。鲸的祖先和牛羊的祖先一样，生活在陆地上。后来环境发生了变化，鲸的祖先就生活在靠近陆地的浅海里。又经过了很长很长的年代，它们的前肢和尾巴渐渐成了鳍，后肢完全退化了，整个身子成了鱼的样子，适应了海洋的生活。

自古以来，人类就注意到一种奇怪的现象，常有单独或成群的鲸，冒险游到海边，然后在那里拼命地用尾巴拍打水面，同时发出绝望的嚎叫，最终在退潮时搁浅死亡。人们感到很诧异，并将这种现象称为鲸"集体自杀"。

鲸群搁浅，自古便已存在。早在1754年，就有30多条抹香鲸在法国奥捷连恩湾的沙滩上搁浅死去的记录。20世纪内，很多国家也都时有发生，其中仅墨西哥西海岸就发生过5起。有时死亡的鲸群甚为庞大，最多的一次竟死去835头鲸。

鲸群

自古以来，鲸“集体自杀”便被看做是一个解不开的自然之谜。对于它们的这种反常行为，科学家们提出了种种推断。有人认为这是因为海洋中水流的突然变化或水温的反常引起的；有人认为鲸群可能受到意外的刺激而仓惶出逃，或为了躲避捕食者的追击或人的骚扰而有意登陆搁浅的；有人认为它们吞食了有毒物质，破坏了运动系统的协调；甚至还有人认为鲸本是陆地上的哺乳动物，它们游向岸是一种返祖现象等。

荷兰科学家杜多克，为了探明鲸自杀的原因，在1962年分析研究了26种鲸鱼计133桩的自杀事例，其中包括成群的和单只的。他发现，鲸自杀的场地通常总是在低海岸，水下是沙滩、沙地，或者是淤泥的地区，再不就是远远地伸到海里去的海角。那么，为什么是这些场地呢？杜多克认为是因为鲸鱼的测位器官不辨东西南北所致，而它们之所以不辨东西南北，主要是那些起到缓解的砂质海底造成的：鲸发出的信号一落到那上面就衰减了，不能再回到鲸那儿。一旦回声测位器官无法测向，就只好胡乱地游来游去，以致身陷绝地。另外，还有一种重要的因素是：平时，齿鲸类发出低频率的啪啪声，并注意接收从远处传来的带着信息的回波，这样就能准确地判断周围的地形地物。可是，当迫近捕捉物时，它们就发出越来越高的频率，并全神贯注于高频率的回声，因而就往往顾此失彼，忽略了低频回声所带来的关于附近海岸地形的不详信息。所以，鲸鱼在摄食时，发生“自杀”的危险是直线上升的。

前苏联生物科学博士、海洋哺乳动物专家托米林认为，鲸集体“自杀”比单头“自杀”情况复杂得多，还牵涉到生理学和动物心理学的因素，而物理原因不过是集体“自杀”惨剧的最初一环而已。具体地说，鲸鱼的保护同类的本能，才是造成所谓“自杀”现象的主要原因。

巨大的鲸鱼

这种保护同类的本能，是大自然关怀整个鲸鱼种族的生存，而不是关怀一头海兽安危的一种体现。因而它们一接到信号，就像士兵接到命令一样，能立刻赴援。在这种情况下，鲸类的救护同类的本能大大压倒了保护自身的本能，所以完全将自身安危置之度外，不顾一切，勇往直前，向着发出信号的地方冲波逐浪而去。

每当一头鲸因回声测位功能受到干扰而陷入绝境时，它就发出遇难信号，其他鲸鱼接到信号后受本能的驱使，便急忙赶来援救，而实际上是游向自己的坟场，使它们同样陷进遇难者的那种困境。

视角延伸

关于鲸的有趣的小故事

第二次世界大战期间，美国海军在太平洋沿岸放置了数以百计的水下监听装置，来监视日本的潜艇行踪。1942 年，几个水下监听装置同时报警。美国海军立即出动搜索，结果却是虚惊一场。而且，这种虚惊还曾发生过多次，让美国海军忙得晕头转向，却总是白白浪费很多时间。那么，究竟是谁在恶作剧呢？调查结果表明，这些奇怪的声音是鲸发出的。因为鲸的视力很弱，主要依靠对声波的反应来判断方向。

11 婴儿喜欢妈妈的心音

娓娓道来

目前，古代的《圣母与圣子》图，已成为当今国际上某些科学家的研究对象，更为奇怪的是，他们根本无意追怀宗教的虔诚，也不是探究绘画的艺术，而是从中寻觅哺育婴儿的科学。

美国有位心理学家，曾经不辞劳苦地搜集了大量文艺复兴时期出现的466幅新型的“圣母”像，结果发现，“圣母玛利亚”将“圣子”耶稣抱在左胸的画像竟占4/5以上。在现实生活中，我们发现绝大多数的母亲在抱婴孩时，也都让孩子紧贴着自己的左胸。或许有人会说，这不过是为了顺手，或者是腾出右手来以方便做其他的事情。可是，为什么习惯于用右手的人也是这样抱婴儿呢?

后来，科学家们分析了大量的统计资料，终于揭开了这个谜底：原来，母亲将婴儿紧贴左胸抱着，能减轻或消除婴儿的烦躁与不安。因为，心脏位于人体的左胸，婴儿能够较清楚地听到使自己安心的母亲的心音。

事实上，婴儿在母胎之中时，便已经开始聆听母亲的心音了。自妊娠6个月起，胎儿就开始不断地“凝神倾听”。妊娠期间，母亲的子宫是一个非常“嘈杂”的场所，因此，有大量的声音传入胎儿耳内。在传入胎儿耳朵的声音中，最为嘈杂的是母亲胃内发出的咕噜咕噜的声音。另外，即使是父母比较微弱的谈话声，胎儿也会全神贯注地倾听。

支配胎宝宝所处环境的声音，毕竟是母亲那富有节奏的心脏搏动声。如其节奏正常，胎儿就知道一切正常，胎儿也会因此感到所处环境安全。

因为婴儿在母胎中长期听惯了母亲的心音，这种心音的节奏能够使他们感到安定、自在。当婴儿诞生之后，在陌生的世界上，不安和烦躁便油然而生。但是，当母亲一旦将孩子紧贴在左胸抱起时，那熟悉的心音便又在他们耳畔响起，不安与烦躁的感觉自然也就烟消云散了。

怀抱圣子的玛丽亚画像

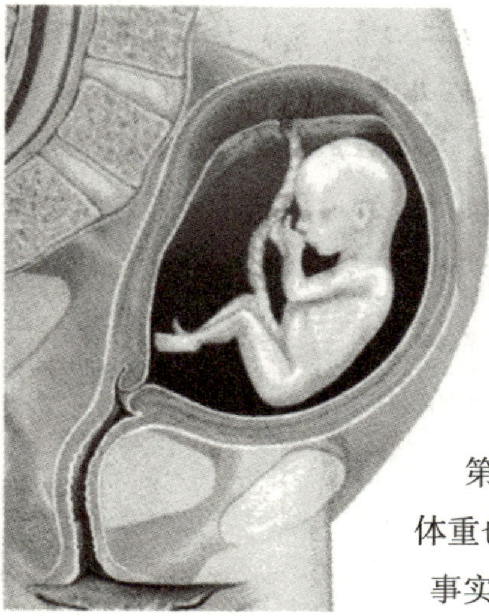

母腹中的胎儿

科学家曾做过这样一个有趣的对比试验，他们将育婴室的婴儿分成四组：一组伴以母亲的心音节奏相同的声音，并在这种声音的伴奏下进食、睡眠；一组谛听节拍器发出的平调音律；一组播放绵绵的催眠曲；一组置于寂静无声的房间里。结果发现，第一组的婴孩不但哭泣和烦躁显著减少，而且体重也增长较快，发育情况在四组中是最好的。事实上，心音的奇妙作用在成人之中也有体现。心理学专家通过试验证明，当人们处于万分痛苦之中，或是焦躁得烦闷，或是悲伤得心颤时，倘若能听到节拍器发出的模拟心音的声音，恶劣的情绪遂能逐渐趋于平缓。如，我们喜欢欣赏的外国民歌和轻音乐的缘由，就是因为那“蓬—嚓”的切分音节奏，能使我们在不知不觉中享受到一种轻松愉快的心音旋律美。

目前，心音对哺育婴儿的独特效应，不仅使许多发明家设计了各种电子摇篮，那些摇篮能自动地按心音节拍悠晃，为婴儿创造最佳的生息环境；而且还激发起众多音乐家的灵感，以心音的旋律，谐美的和声，赋予婴儿能够接受的启蒙音乐教育。

视角延伸

什么事心音

心音指由心肌收缩、心脏瓣膜关闭和血液撞击心室壁、大动脉壁等引起的振动所产生的声音。它可在胸壁一定部位用听诊器听取，也可用换能器等仪器记录心音的机械振动，称为心音图。通常，心音可分为第一心音（S_1）、第二心音（S_2）（正常情况下均可听到）、第三心音（S_3）（通常仅在儿童及青少年可听到）、第四心音（S_4）（正常情况很少听到）。从心脏产生的心音经过组织的介导传到胸壁表面，其中以骨传导最好，血液和肌肉次之，肺和脂肪组织最差。正常心脏在舒缩活动中产生的心音频率为 1 ~ 800Hz。